科学的
数学化起源

朱海松 朱伟勇◎著

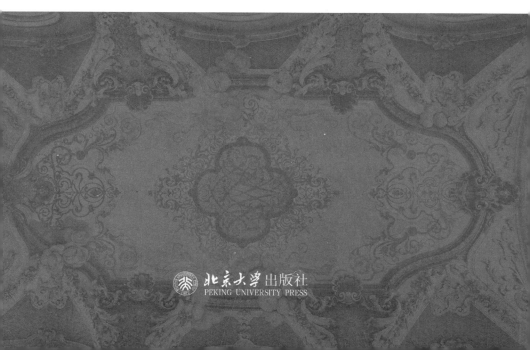

北京大学出版社
PEKING UNIVERSITY PRESS

内 容 简 介

本书从科学史、哲学史和数学史三个维度详细阐述了西方现代科学起源的历史背景，紧紧围绕数学在西方科学的精神塑造、起源、演化过程中起到的根本性作用，深入探讨了近代科学中出现的西方思维范式，即以"人、上帝、自然"三者的关系为历史背景的社会思潮，着重讨论了科学与数学的关系。同时强调了在西方科学范式下，数学不仅是科学的语言，也是一种人类的文化现象。"科学的数学化起源"精彩地演绎了科学史中的数学史以及数学史中的科学史。

图书在版编目(CIP)数据

科学的数学化起源 / 朱海松，朱伟勇著. —北京：北京大学出版社，2022.5
ISBN 978-7-301-32994-8

Ⅰ.①科… Ⅱ.①朱… ②朱… Ⅲ.①数学－普及读物 Ⅳ.①O1-49

中国版本图书馆CIP数据核字(2022)第071187号

书　　　　名	科学的数学化起源
	KEXUE DE SHUXUEHUA QIYUAN
著作责任者	朱海松　朱伟勇　著
责 任 编 辑	张云静　刘　倩
标 准 书 号	ISBN 978-7-301-32994-8
出 版 发 行	北京大学出版社
地　　　　址	北京市海淀区成府路205 号　100871
网　　　　址	http://www.pup.cn　新浪微博:@北京大学出版社
电 子 信 箱	pup7@pup.cn
电　　　　话	邮购部 010-62752015　发行部 010-62750672
	编辑部 010-62570390
印 　刷 　者	大厂回族自治县彩虹印刷有限公司
经 销 者	新华书店
	880毫米×1230毫米　32开本　9印张　214千字
	2022年5月第1版　2022年5月第1次印刷
印　　　　数	1-4000册
定　　　　价	59.00元

序 言

从任正非的"我要学数学"说起

华为创始人任正非在中美贸易争端最激烈时，公开发表了一些自己的观点，出人意料地谈到数学的重要性。

任正非强调，基础科学特别是数学具有极端重要性。任正非说："我曾在全国科学大会上讲了数学的重要性，听说现在数学毕业生比较好分配了。我们有几个人愿意学数学的？虽然我不是学数学的，但是我退休以后想找一个好大学，学数学。"

任正非作为一名企业家能提出重视数学这样的观点，让许多人非常诧异。其实任正非提出这个观点说明了以下几点。第一，中国企业在全球的竞争达到了最高层次。一般来说，企业的竞争分三个层次：初级的竞争是产品质量的竞争，高级的竞争是市场份额的竞争，顶级的竞争是制定行业标准的竞争。华为的5G正在成为新的行业标准。任正非说："我们过去强调标准，是因为我们走在时代后面，人家已经在网上有大量的存量，我们不融入标准，就不能与别人连通。但当我们'捅破天'的时候，领跑世界的时候，就不会受此约束，敢于走自己的路，敢于创建事实标准，让别人来与我们连接。"第二，华为深刻地体会到了高科技行业标准的底层逻辑是原始创新，而原始创新的核心是数学。第三，全球视野使得华为深深地理解整合全球人才的重要性，反对封闭的自主创新，主张有海纳百川的胸怀。第四，华为以小见大，通过自身企业在全球竞争中的深刻体会，积极倡导教育是最廉价的国防，国家的复兴在于对教育的投入，因此更要重视基础教育中的数理化。

任正非在谈论当今世界前沿的人工智能领域时也提到，由于中国目前仍沿用的是工业时代的教育模式，即以培养工程师为主，这将导致中国的人工智能发展速度缓慢。因为人工智能需要大量的数学家，需要大量的超级计算机。任正非语重心长地说："这 30 年，其实华为真正的突破是数学！手机、系统设备都是以数学为中心。"他强调，中国要踏踏实实在数学、物理、化学、神经学、脑科学等各方面努力去改变，我们才可能在这个世界上站起来。

现代科学要追溯到古希腊的数学，古希腊的数学分为四大学科：算术、几何、天文、音乐。这四大数学学科后来又加了文法、修辞、辩证法三门学科，构成了欧洲中世纪以后的"自由七艺"，并成为西方两千年来基础教育的基本学科。当年法国的拿破仑也曾说过"我要学数学"这句话。拿破仑是炮兵出身，他说他当炮兵的动力之一就是要感受数学的魅力。拿破仑有一次被问到如果不从政会从事什么事业时，他毫不迟疑地回答"我要学数学"，要成为法兰西的院士。

数学一直是形成现代文化的主要力量，同时又是这种文化极其重要的因素。从近代西方国家的历史看，文艺复兴时期的意大利曾是当之无愧的数学中心，诞生了以近代科学实验的奠基人伽利略为代表的意大利学派；这种地位后来转移到了英国，英国资产阶级革命既带来了英国的海上霸权，也造就了牛顿学派，微积分的产生解决了科学和工业革命的一系列问题；通过法国大革命，法国数学取代英国数学雄踞欧洲之首，法国大革命时期的数学涉及力学、军事和工程技术；随着德国资产阶级统一运动的完成，德国数学奋起夺魁；第二次世界大战以后，美国又一跃成为西方的数学大国，影响至今。

中国数学有着悠久的历史，然而在 16 世纪末到 19 世纪末的 300 年间，西方数学在中国的传播，使其逐渐取代了中国的传统数学。第二次鸦片战争爆发后，中国的有识之士如曾国藩、左宗棠、李鸿章等开始倡导学习西方的先进技术以图自强御侮，并发起了历时 30 年的自强运动。曾国藩和李鸿章在上海设立江南机器制造总局，虽然主要是为了仿造西方轮船和军事武器，但也同时翻译出版了大量的西方数学著作和科学技术著作。这是因为在自强运动中，国人开始深刻地理解数学与机械制造等民用、军事技术有关，并认识到数学是西方一切学术的基础，学习数学知识之后，就可以进而理解格致之理并掌握"制器尚象之法"。19 世纪中国最重要的数学家之一李善兰曾说："呜呼！今欧罗巴各国日益强盛，为中国边患，推原其故，制器精也。推原制器之精，算术明也。"

我国在很长一段时间里，对数学本质的认识，偏重于数学证明和形式推导、数学与生产实际及自然科学的关系，而忽略了数学背后的哲学思想，不了解数学是人类文化的重要组成部分、数学水平是一个民族的文化修养与智力发展的度量、数学文化是人类文化中最基本的文化。有的科学家明确地认为，现代科学和技术的巨大发展主要是由于数学的发展，是由于数学在自然科学和社会科学的纵横渗透。

1981 年，美国国家科学研究委员会召集数学科学和有关方面的专家成立了一个专门委员会。这个委员会经过三年的观察和分析，于 1984 年提出了"进一步繁荣美国数学"的报告，此报告中明确指出："高科技的出现把我们的社会推进到数学工程技术的新时代。"专门委员会主席、应用数学家 E. David 指出："很少有人认识到被如此称颂的高技术本质上是一种数学技术。"

中美之间的竞争主战场将是科技，而科技战的关键是基础研究、原始创新。作为自然科学基础的数学，实质上也是重大技术创新的基础，直接影响着国家实力。当今世界几乎所有的重大发现都与数学的发展和进步相关，当前华为 5G 引领的信息通信领域，最早的奠基人是美国数学家、信息论的创始人克劳德·艾尔伍德·香农。1938 年，香农把布尔代数的"真"与"假"和电路系统的"开"与"关"对应起来，并用 1 和 0 表示。于是他用布尔代数分析并优化开关电路，从而奠定了数字电路的理论基础。香农于 1948 年在《贝尔系统技术杂志》上发表了具有深远影响的论文《通信的数学理论》，又于 1949 年，在该杂志上发表了另一篇著名论文《噪声下的通信》。在这两篇论文中，香农阐明了通信的基本问题，给出了通信系统的模型，提出了信息量的数学表达式，并解决了信道容量、信源统计特性、信源编码、信道编码等一系列基本的技术问题。由此，两篇论文成了信息论的奠基性著作。

如今，数学已成为航空航天、国防安全、生物医药、信息、能源、海洋、人工智能、先进制造等领域不可或缺的重要支撑。我国在很多领域的研究遭遇"卡脖子"的困境，也和数学研究滞后有关。

从任正非的"我要学数学"说起

从近代的科技发展史看，理论突破和基础技术的发明，来源于数学、物理、化学等学科的基础研究，而数学是基础中的基础。华为因为早早看清了基础理论研究的重要性，从而避免了中兴曾经面临的窘境。任正非说：华为能达到今天的成就，在于华为有 700 多名数学家、800 多名物理学家、120 多名化学家、6000 多名基础研究专家、60000 多名各类工程师……所以，我们国家要想跟西方竞技，唯有踏踏实实振兴教育。任正非指出：芯片问题，光砸钱不行，要砸数学家、砸物理学家。他的意思就是，中国要想提高竞争力，要靠最基础的教育。中美贸易争端的根本问题是教育水平问题。任正非强调：教育是最廉价的国防，基础教育是国家的责任。

要想成为科技强国，必须成为数学强国。在 2019 年第八届世界华人数学家大会上，世界知名的美籍华裔数学家丘成桐曾这样总结："未来，对中国数学的发展是一个重要的转机，无论数学是否应用，纯数学都是重要的，我们要挑战世界第一流科学，要培养引领全世界数学发展的数学家。"

为了让人们理解数学不仅仅是解题技巧和逻辑推导，更是一种历史悠久的文化传统，我们需要追根溯源去探寻数学文化传统的魅力，深入理解科学与数学之间的关系。

目 录

CONTENTS

第九章

第一章

科学的数学化

西方科学的大传统源于古代希腊。古希腊人建立了以追求确定性知识和逻辑演绎体系为主要标志的理性科学。数学和哲学是西方科学起源最根本的组成要素。本章我们就从这两条线索入手讨论西方关于科学的数学化起源。

"科学"的定义："李约瑟难题"的难题

华为创始人任正非在华为与美国的高技术竞争交锋中，深刻地领悟到了数学的重要性，这是一种切身体会！但他所强调的数学的重要性，到底是什么意思呢？如果简单地将它理解为数学学科的重要性，那可就完全跑偏了！任正非所强调的数学的重要性，实质上就是原始创新的重要性。对于数学与原始创新之间的关系，这是一个非常深刻而又深入的话题。数学不仅仅是一种技巧，更是一种文化、一种哲学。要想真正理解数学，必须将其与对科学的理解紧密地联系在一起。而对科学的理解，中国在过去的 100 年当中，始终存在着一系列争论：科学与技术的关系是什么？中国古代是否有科学？到底什么是科学？这一系列争论的代表性问题是"李约瑟难题"。

中国最早的一份科学期刊是在 1915 年创刊的《科学》，其创办人任鸿隽在创刊号上发表了《说中国无科学的原因》。1922 年，哲学家冯友兰在《国际伦理学杂志》上用英文发表了《为什么中国没有科学 —— 对中国哲学的历史及其后果的一种解释》。在他们的影响下，外国人戴孝骞（H.H.Dubs）等开始研究这一问题。1944 年吴藻溪将德籍犹太历史学家魏特夫（K.A.Wittfogel）的《中国为什么没有产生自然科学？》译成中文之后，又引起了国人的讨论。1945 年，竺可桢在《科学》上发表了文章《为什么中国古代没有产生自然科学》，仍然认为中国古代没有自然科学。但这时陈立和钱宝琮的文章中的观点已经有所变化，认为中国古代不是没有自然科学，而是自然科学不发达。其后，英国学者李约瑟开始研究中国科技史。他发现，中国古代科学不是不发达，而是很发达，从公元前 1 世纪到公元 15 世纪，在许多领域远比西方领先，但问题是："为什么以伽利略为代表的近代科学 —— 连同它对先进技术的一切影响，产生在欧洲，而不是发生在中国呢？"这就是现在所谓的"李约瑟难题"。

闻名世界的《中国科学技术史》是 20 世纪最杰出的西方汉学巨著，其作者是英国人李约瑟。在《中国科学技术史》这部巨著中，李约瑟探讨了公元 3 世纪至 13 世纪中国科技为什么能保持在一个令西方望尘莫及的水平，即是什么使得科学在中国早期社会比西方更有效并且领先，但 15 世纪后为什么科学革命不是发生在中国而是发生在西方。简言之就是：尽管中国古代对人类科技发展做出了很多重要贡献，但为什么科学革命和工业革命没有在近代的中国发生？这一问题被称为"李约瑟难题"。

"李约瑟难题"涉及很多基本的概念性问题。其中有两个非常明显的问题没有说清楚：第一个是"什么是科学"，即没有对科学加以定义，这成为李约瑟难题的难题。第二个是"科学与技术的关系是什么"，即把科学与技术混为一谈，没有进行界定。

毫无疑问，当今科学的概念是由西方定义的。西方近代科学，也叫实验科学、实证科学。科学是对客观规律的认识，是一项理性的事业。朴素科学观念具有客观性、真理性、合理性和进步性。具体来说，科学的概念应当具有确定性和精确性，理论的建构则应当具有完备性、简单性和自洽性等。我们今天这样理解，科学技术是生产力，科学是一种重要的观念来源，科学是一种精神和文化；科学永远是一种探索，应该包括科学方法、科学成就和科学精神。

牛顿说，科学是对自然过程的精确的数学表达。爱因斯坦说，科学是人类精神的自由创造和自由发明。可见，"科学"出奇地难定义。真正的科学纯粹是通过其内容来定义的，即物理学、化学、生物学、地质学、人类学、心理学等。关于"什么是科学"，有不同的维度和观点。信奉知识论者认为，科学就是知识的集成，即按照某种秩序、规则排列而成的一组概念和陈述的公理化系统。信奉认知论者认为，科学本身不是知识，而是产生知识的社会活动。信奉工具论者认为，科学只不过是人类认识自然、认识社会，从而利用自然和改造社会的一种工具和方法。信奉真理观者认为，科学是人类知识的最高形式，科学是关于外部世界和人的精神活动的现象与规律的概念体系。

关于科学的定义，要从科学史、哲学史、数学史中寻找其基本的脉络和逻辑基础。

"科学"的由来：格物致知与格物穷理

在庆祝中国共产党成立100周年之际，热播的电视剧《觉醒年代》描述了新文化运动的主将陈独秀通过《新青年》杂志把西方的"德先生（民主）"与"赛先生（科学）"介绍到中国，掀起了国人拥抱"科学"与"民主"的热潮。陈独秀痛心疾首地告诉国人，西方科学是一种全新的思维方式，是我们中国人必须学习的东西。

"科学"一词的广泛使用还不到200年的时间。在中国的语境中，我们经常使用"自然科学"这一词语。"Science"（科学）一词源自拉丁语，意为"知识"。"Nature"（自然）一词源自拉丁语，意为"事物的自然规律。"宇宙"其希腊语的对应词是"Physis"（自然）。亚里士多德学派认为，自然的研究关乎理解世界，而不是改变世界。所以，亚里士多德的知识体系被称为"自然哲学"。自然哲学是科学的前身，它更多关注的是物质的因果关系而不是数学分析。到了17世纪，亚里士多德自然哲学的一种替代品开始发展起来，它最初自称"新科学"。所谓"新科学"，是指在科学革命中，亚里士多德学派的哲学家和支持新科学的数学家之间经过斗争产生的新知识。当时，显然需要一个词语来描述这种新知识。一种选择就是继续使用源自拉丁语的术语"自然哲学"。牛顿写的

《自然哲学的数学原理》现在来说就是"科学的数学原理"，由于牛顿集大成的工作，数学在科学中的核心作用成为共识。在 17 世纪，"自然科学"也曾代替"自然哲学"而流行一时。1831 年，英国科学促进会（British Association for the Advancement of Science）成立，为了促进"物理—数学—实验知识"而正式提出"科学"（Science）这一词语，"科学"从此被普遍作为"自然科学"的简写形式。在当时，"科学"有三个主要含义：第一是指某种专门的知识；第二是指一位学者的学识；第三是指一种证明方法，特别是指科学革命中的新学科。从历史的发展看，科学的含义是哲学加上数学再加上实验。

17 世纪时，中国还没有"科学"这个名词，但是人们已经感觉到需要一个专有名词来代表实证观察的含义，于是选择了"格致"这个词，它是从"格物致知"中摘取出来的。"格物致知"本来是有道德含义的，是一种人生的修养，即要从每一件客观事物当中都能看到道德意义，并不是西方科学讲的客观观察，但有一定的观察实证部分在里面。后来日本人把"Science"翻译成"科学"，引入中国后迅速被中国人接受，只用了十年时间就得到普及并取代了已使用近 300 年的"格致"一词。

17 世纪意大利传教士艾儒略（Giulio Aleni）来华后，撰写了《西学凡》一书，向中国知识界介绍当时欧洲大学的六门课程，按艾儒略的译法即为：文科、理科、医科、法科、教科、道科。六科各用一个汉字，从"格物穷理"中取出一个"理"字来表达数学、物理、化学，可谓恰到好处。

"科学"的划界与标准：数学是最早的实证科学

20世纪20年代，西方知识界提出了科学的划界问题。所谓划界问题，就是将科学与其他领域区分开来。非科学主要是指那些还停留在经验层面的，或不能覆盖全部经验现象的，但是又以科学面目出现的理论。有些东西看起来像一个体系，但又不能够真正被经验所证实，于是就如何划分它们产生了"实证主义"和"证伪主义"两个重要的流派。

科学在西方常常被称为"实证科学"，而"实证"这一术语主要源于"方法的实证性"，即可以通过直接经验实际予以证实。早在19世纪，法国哲学家孔德就开创了"实证主义"。孔德认为人类精神经历了神学、形而上学和实证科学三个阶段：第一个阶段是"神学"阶段，在这一阶段，一切事物都被归于诸神的活动；第二个阶段是"形而上学"阶段，在这一阶段，诸神或神圣力量的意志被抽象概念所取代；第三个阶段是"实证科学"阶段，在这一阶段，科学的解释取代了形而上学。孔德认为数学是所有科学的基础，而且是历史上最早成为"实证的"科学的。在孔德为科学所作的分类序列中，数学之后是天文学，紧接着天文学的是物理学、化学和生物学，而位于最后的是社会学。"社会学"这一名称也是孔德第一个提出的。

19世纪末奥地利物理学家马赫建立了第二代"实证主义"，他强调，科学研究的对象是由感觉要素组成的，科学是看得见摸得着的；他坚持一切物理学的理论只能从直接的实验中导出，而一切不能用实验来验证的思想都应摒弃，这是对物理学一种"眼见为实"的态度。

马赫不相信原子的存在，因为他从来没见到过一个原子。马赫一直把原子斥为人类心灵的虚构，认为它无法被直接观察到。马赫嘲笑牛顿的"绝对空间是一种概念畸形"，称它"纯粹是臆想出来的东西，在经验中不可能有对应"。马赫批评牛顿的"绝对时间"是一个"无用的形而上学的概念""无法在经验中产生"。这些观点深刻地影响了爱因斯坦。

但是，爱因斯坦后来脱离了严格的实证主义立场。特别是爱因斯坦著名的思想实验就是一个强烈反实证主义的实例，它的核心是从经验上产生直觉飞跃，进而由这种飞跃提出绝对假设。理论家不可能从经验中推导出绝对假设，因为它是超越经验的。只有直觉，即一种灵感的启示，才能创造出这种假设。所以爱因斯坦说："想象力比知识重要。"爱因斯坦创立广义相对论后，确信严格的实证主义方法是有局限性的。爱因斯坦摒弃了马赫那种针对任何不基于直接观测数据的实证理论的怀疑论。爱因斯坦对马赫的评价是：我看到他的弱点在于他多少有点相信，科学不过是对经验材料的一种"整理"；也就是说，他没有认识到概念的形成中那自由构造的元素。

第三代实证主义是逻辑实证主义。逻辑实证主义关注的是科学与形而上学的划界，其标准是意义的标准。该学派认为，科学知识最小的结构单位是科学命题，看它是否科学，就要看它的命题是否科学。同时认为所有的科学命题都是可证实的，即命题的可证实性。当一个命题可以被经验和逻辑所证实或否证时，它才是科学的，否则就是非科学的。逻辑实证主义，顾名思义，就是"逻辑方法"＋"实证主义"。逻辑实证主义深受数学的影响，要求命题的表达严格准确，要求证实——经验证实或逻辑证实。逻辑实证主义宣告了"哲学的科学化"时代的到来。

奥地利哲学家、分析哲学的主要奠基人维特根斯坦对逻辑实证主义的影响非常深远。他有句名言：凡是能说的事情，都能够说清楚；凡是不能说的事情，就应该保持沉默。逻辑实证主义的重要代表人物卡尔纳普指出，对形而上学不是应当批判，而是应当加以拒斥（保持沉默）。维也纳学派继承了维特根斯坦的理念，提出科学要远离形而上学。

维也纳学派的一个基本观点是：哲学的工具是逻辑分析。在这方面，维也纳学派应当说受到了英国著名数学家和哲学家罗素很大的影响。罗素十分清楚地指明，逻辑应被看作意义分析的主要工具。正是在这样的意义上，罗素断言：逻辑是哲学的本质。

实证主义，从孔德到马赫再到维也纳学派，他们强调只有用经验证实的才可能是科学的。但是实证主义要面临的困境是如何用经验来验证普遍命题，而许多普遍命题需要无限多的个别命题来证实，但经验只能解决有限的个别问题，怎样用有限的感觉经验去验证无限多的命题，这是一个大的挑战。实证主义的基础是归纳法。

18 世纪时，苏格兰哲学家休谟就已经指出归纳法的缺陷。休谟认为，归纳法永远得不到具有普遍必然性的结论。他提出了一个有趣的问题："太阳明天会从东方升起吗？"我们知道，自古以来太阳都是从东方升起的。但休谟说："你能保证明天会这样吗？明天还有明天，未来的日子比过去多多了！"所以，归纳法有一个问题，即会把偶然性、概率性当成必然性。因为你不可能检验完所有的对象，这是一个逻辑上的跳跃。我们不能把概率当必然，不能把可能性当必然性。批判理性主义的创始人波普尔对休谟的评论是："我觉得休谟对归纳推论的驳难既清楚又完备。"

波普尔没有从实证主义的"可证实性"路径考查科学理论的标准，而是运用相反的思路得出一个令人惊异的结论，即衡量一种科学理论的标准是它的可证伪性。

经验归纳只能证明已经发生的事，不能预测未来的事。所以，归纳法有两个特点：第一，有限的经验不能验证普遍的命题；第二，过去的经验不能预测未来。由于可证实原则是归纳法，而归纳法没有必然性，所以可证实原则是不成立的。简单来说，科学命题没有一个是可以被证实的。由此，波普尔对形而上学的理性概念和科学与理性之间的生硬关系展开批判，建立了他的批判理性主义。

波普尔的观点是：不存在什么归纳。理论在经验上是绝不可证实的。波普尔强调，"证实"与"证伪"从逻辑的角度看是完全不对称的，也就是说，不管有多少"正例"都不足以保证相应的普遍性结论的真理性；对于普遍性结论的驳斥只需要有一个反例就足够了，著名的例子就是无论有多少只白天鹅，只要存在一只黑天鹅就不能断定天下所有天鹅都是白色的结论。

可证伪性用于解决科学标准的"划界问题"。也就是说只有一个科学理论可以被证明是可错的，才是科学的。对于波普尔来说，像精神分析、心理分析、星相占卜等，既不能被证实，也不能被证伪，所以不是科学的！但波普尔并不否认"可证实性"也是科学理论的标准。在波普尔看来，真理"是一个我们可能永远也达不到的标准"。他认为即使我们得到了真理，也无法对此作出证明，对于真理的追求是一个不断逼近问题本质的过程。

对于数学，波普尔提出了一个重要的"三个世界"理论。他认为存在三个世界：世界一是物理世界，即物质世界；世界二是精神世界；世界三是人类精神产物的世界，即数学的世界。世界三是在世界一和世界二的基础上构成的。数学是人类的心灵构造，既有对物质世界的基本描述，也有精神世界的理念形式。所以世界三对世界二有重要影响，并通过世界二来影响世界一。

证伪主义是 20 世纪最重要的科学哲学思想之一。波普尔的《科学发现的逻辑》是现代科学哲学颇负盛名的主要代表作之一。他把可证伪性作为科学与非科学的界限，批判了在西方科学界影响巨大的逻辑实证主义和归纳主义，对西方科学界产生了重大影响。

四

科学的前沿：原始创新与"巴斯德象限"

　　中国取得的举世瞩目的科技成就让美国的决策者们产生了焦虑。2020 年 5 月 21 日，美国参议院两位议员提出《无止境边疆法案》（*Endless Frontier Act*），提出这一法案的目的是努力保持美国科学技术直到 21 世纪中叶在全球的领导地位。该法案认为，美国的全球竞争对手赶超美国只是时间问题。无论哪个国家在关键技术方面胜出，如在人工智能、量子计算、先进通信和先进制造业领域，都会成为未来的超级大国。美国《科学》杂志上的一篇文章指出，这一法案在某种程度上是针对中国科技的强势发展提出的，故又可以称为"领先中国法案"（Stay Ahead of China Act）。

　　这一法案的前身是"二战"结束后美国于 1945 年出台的《科学：无尽的前沿》（*SCIENCE：THE ENDLESS FRONTIER*）报告。这份报告由美国罗斯福总统的科技顾问范内瓦·布什撰写。他在报告中着力强调基础研究的重要性。报告认为，美国在"二战"期间最突出的成就，如原子弹，基本上是基于欧洲人发明创造的科学原始创新。在从事原子弹研制的科学家中，大部分都是在欧洲受教育的。当时，布什深深理解美国的实用主义文化更倾向于科学技术的应用而不是科学基础的原始创新。

因此，他在报告中强调政府必须牵头大力加强和持续保障对基础研究的支持。布什第一次把"基础研究"这个词带给政界和公众，凸显了基础研究的重要性。他在报告中有句名言："一个在基础科学新知识方面依赖于他人的国家，将减缓它的工业发展速度，并在国际贸易竞争中处于劣势。"对于他的这句名言，在当下的中美科技竞争中，中国可谓感同身受。世界已经清楚地看到投入基础科学的回报是巨大的。科学的前沿是没有边界的，科学的创造是没有止境的。

20 世纪 90 年代，美国普林斯顿大学的唐纳德·斯托克斯教授在研究科学与技术的关系时，撰写了一本名为《基础科学与技术创新：巴斯德象限》的书。在这本书中，他提出三类创新研究：第一类是纯科学的"牛顿、爱因斯坦、玻尔式的"基础性原始创新研究；第二类是"爱迪生式的"纯应用型技术发明创新研究；第三类是以技术为基础、以应用为导向的基础科技创新研究。他把第三类创新研究叫作"巴斯德象限"。巴斯德是 19 世纪法国伟大的微生物学家、化学家、近代微生物学的奠基人。他之所以将第三类创新研究称作"巴斯德象限"，是因为巴斯德在生物学的上许多前沿性基础工作的动力是解决实际难题。他认为研发活动中的前沿基础研究应兼有应用研究的实际需求，这是产业创新的主动力，属于"巴斯德象限"类的科技创新。当前的芯片危机就是一个典型的"巴斯德象限"类的例子。

我们在现代创用了"科技"这个名词，代表"科学"与"技术"两个观念。把"科学"与"技术"合二为一，实际上是在"巴斯德象限"内产生的"技术科学"门类。比如飞机、发动机、计算机等，这些创新都不是从自然界发现的，而是从人类的技术产品中诞生的科学门类。由于当今技术科学化，科学技术化，科学与技术已经一体化，所以中国在基础科学研究方面集中在"巴斯德象限"上，但仍缺乏足够的投入，导致总是被人"卡脖子"。

当前，中国"巴斯德象限"类的创新是最紧迫、最现实的，也是解决总是被人"卡脖子"这一问题的有效方法。在中美关系紧张时期，由于美国技术垄断，断供所有芯片，中国被迫加大对集成电路相关人才的培养力度。2021年4月，清华大学成立了"芯片学院"。2021年5月，福耀玻璃工业集团股份有限公司董事长曹德旺创办的河仁慈善基金会计划出资100亿元，筹建"福耀科技大学"。曹德旺说，福耀科技大学的办学目标是"助力解决中国制造业应用型、技术技能型人才断档的问题"。2021年6月2日，在美国断供华为芯片之后，华为正式发布了中国操作系统Harmony（鸿蒙）。鸿蒙操作系统是除了源于美国的苹果系统、安卓系统之外，中国自主开发的手机操作系统。华为赋予它的使命不仅仅在于以手机为代表的移动互联网应用场景，更在于万物互联的物联网时代。鸿蒙操作系统的问世，意味着手机操作系统苹果、安卓、鸿蒙三足鼎立的态势开始形成。

鸿蒙操作系统是典型的"巴斯德象限"类的重大创新。然而，任正非强调数学的重要性，实质上是对第一类纯科学的原始创新稀缺的呼吁和感叹。任正非表示，国家不仅要重视科学理论、工程技术的研究，也要重视一些不以应用为目的的纯研究。这是因为，华为在发展过程中深刻地体会到了原始创新巨大的技术爆发力。华为5G技术之所以能独领风骚，是源于十多年前一位土耳其教授的一篇数学论文。华为以这篇数学论文为中心研究各种专利，仅仅用了十年时间就把它变成了技术和标准。华为深刻地体会到了纯科学的原始创新"无用之大用"所带来的巨大收益。

2016年5月30日，在全国科技创新大会上，华为公司创始人任正非向中央汇报发言。其发言稿的题目为《以创新为核心竞争力 为祖国百年科技振兴而奋斗》，他说道，"人类社会的发展，都是走在基础科学进步的大道上的……华为现在的水平尚停留在工程数学、物理算法等工程科学的创新层面，尚未真正进入基础理论研究。随着逐步逼近香农定理、摩尔定律的极限，面对大流量、低延时的理论还未创造出来，华为已感到前途茫茫，找不到方向……没有理论突破，没有技术突破，没有大量的技术累积，是不可能产生爆发性创新的"。

很明显，任正非强调基于基础科学的原始创新，要比基于"巴斯德象限"的"技术的科学"类创新更重要，更应受到重视。当前，中国的科技创新主要体现在实用、应用、急用的层面上，在基础研究领域还没有谁能够担得起"自然科学的巨人"这一称呼。2017年，美国战略与国际研究中心发布了一份报告，将中国称为"科技胖龙"。报告中提到，中国85%的资金都集中在开发上，鲜有资金用于基础的科学研究。如果没有基础的科学研究，就无法占领世界科学前沿的制高点。

2020年9月，华为创始人任正非在访问北大、清华的座谈会上，作了题为《向上捅破天，向下扎到根》的发言。其中提到：我们今天的科研状况很像"二战"前的美国，"二战"前50年时间，尽管美国产业已经领先全球，但在科研上充满功利主义，不重视基础研究、基础教育，大量依赖欧洲的灯塔照耀，利用欧洲的基础研究成果，发展短、平、快的产业。"二战"即将结束时，罗斯福总统的科技顾问范内瓦·布什在《科学：无尽的前沿》中提出要重视不以应用为目的的基础研究，面向长远，逐步摆脱了对欧洲基础科学研究的依赖，从此，美国基础科学研究远远领先全球，形成若干重大突破。

在科学与技术的关系中，"巴斯德象限"是"技术的科学"类创新，而基础科学的原始创新是"科学的技术"类创新。科学与技术之间的关系，就如同中国的"道"与"术"之间的关系：有道无术，术尚可求也；有术无道，止于术。

科学的数学化趋势：数学是科学的灯塔

数学最大的特点是：高度的抽象性、严密的逻辑性、广泛的应用性以及纯净美。在大规模学科分类之前，很多数学家也是哲学家。数学哲学的基本目标是解释数学，并由此说明数学在整个理性事业中的地位。多数思想家都同意基本的数学命题享有高度的确定性和逻辑的本质性。

学科越是抽象，就越是充满数学。数学是描述关系及其逻辑发展最合适的工具。物理学家不是用数学来描述实验事实，而是用数学处理这些事实之间的关系。伽利略曾说过："宇宙这部鸿篇巨制，是用数学的语言写成的。"

伽利略认为，科学必须寻求数学描述，而不是物理解释。数学研究的主要目的是得到更多的自然界定律，更深入地了解自然设计的真相。17 世纪时，伽利略、笛卡儿、牛顿和莱布尼茨精心构造了一套数学的和物理的概念；整个科学思想借助于这些概念得到迅速发展。数学物理学诞生于天体力学，而天体力学在 18 世纪末产生并得到了全面发展。18世纪是数学和经典力学相结合的黄金时代，19 世纪数学主要应用于电磁学，其中最具代表性的成就是麦克斯韦建立的电磁学方程组。进入 20 世纪以后，数学相继在相对论、量子力学以及基本粒子等理论物理学领域得到应用。

数学与物理虽然各成一统，但它们在科学发展史中总是与重要的历史节点相会，碰撞出令人炫目的智慧之光。自伽利略以来，物理学理论一直是用数学语言来表述的。数学同时从语言与内容两方面不断给我们对自然界结构的观念以强有力的影响。许多重要的数学思想皆来源于物理学的需要，这就是 17—19 世纪大多数数学家也是物理学家的缘故。从伽利略开始，数学就与物理紧密结合在一起。伽利略发现了惯性定律，并用数学关系精确表达了运动物体的距离与时间的关系。如果说伽利略用物理的思维方式探寻事物的根本规律，牛顿则用数学把伽利略的物理直觉完整地表达了出来，并且定量地应用了它们。

当科学变得越来越依赖数学来产生它的物理结论时，数学也变得越来越依赖科学的成果来证实自然过程的正确性。在法拉第和麦克斯韦的传承中，法拉第用自身的物理直觉抓住了电与磁的内在本质，麦克斯韦则用优美的数学公式将它定量地表达出来。法拉第这位一辈子都用语言描述实验现象的物理大师在看到年轻的麦克斯韦给他展示的简洁优美的数学公式时惊讶不已。1822 年，法国数学家傅里叶的《热的解析理论》中以其对热传导问题的精湛处理，突破了牛顿在《自然哲学的数学原理》中规定的理论力学范围，开创了数学物理学的崭新领域。傅里叶在推导其著名的热传导方程时发现，解函数可以由三角函数构成的级数形式表示，从而提出任一函数都可以展成三角函数的无穷极数，这成为分析学在物理中应用最早的例证之一，对 19 世纪数学和理论物理的发展产生了深远影响。三角级数从此就直接叫傅里叶级数。

物理学家杨振宁先生曾谈到，一般来说，物理可以分成实验物理、唯象理论和理论架构三部分。平常所谓的实验物理其实是实验物理跟唯象理论加起来，统称实验物理。平常所谓的理论物理是唯象理论跟理论架构加起来，而这个理论架构最后是跟数学有很密切的关系。这些关系都是相互的。实验可以引导出唯象理论，唯象理论反过来也可以引导出实验。理论架构主要是指数学的运用。

唯象理论是借助于现象或直接从现象中得出的理论。开普勒三大定律就是唯象理论。后来牛顿以理论架构，用微分方程的方法和万有引力的物理概念，准确地解释了开普勒三大定律。牛顿的理论架构支配了物理学 200 多年。这是从实验物理到唯象理论，再到理论架构，最后到微分方程的一个物理和数学融合的精彩过程。

普朗克公式也是一个唯象理论，经过海森伯、狄拉克、玻尔等人的工作发展出来的量子力学，形成了理论架构。这个理论架构的基础是一些数学观念，叫希尔伯特空间。这是数学的基础。物理学的发展很多时候就是一个怎样从实验物理到唯象理论，再到理论架构，最后到微分方程的过程。

理论架构是由一些方程式，如牛顿的运动方程、麦克斯韦方程、爱因斯坦的狭义与广义相对论方程、狄拉克方程、海森伯方程以及其他一些方程组合在一起的，可以说是真正的包罗万象。这些方程式是造物者的诗篇，因为它们用非常浓缩的数学语言，把宇宙中包罗万象的物理现象准确地给大家描述了出来。物理学家理查德·费曼说："我们所有的物理定律，每一条都由深奥的数学中的纯数学来叙述。为什么？我一点也不知道。"

被誉为数学界的亚历山大的德国数学家希尔伯特曾坚定地说："凡服从于科学思维的一切知识，只要准备发展成一门理论，就必然要受公理方法的支配，受数学的支配。""数学是一切关于自然现象的严格知识之基础。"

数学无疑是一种强有力的计算工具和抽象概念的语言，但它的作用比这还要大。爱因斯坦甚至宣称："科学的创造原则属于数学。"如果数学不能告诉我们关于自然界的任何事实，那么它就确实不能。

数学与其他的自然科学和社会科学不一样，其他学科有非常具体的对象，而数学的对象十分抽象，甚至是抽象的抽象。数学之所以既能用到自然科学中，又能用到社会科学中，甚至还能用到人文科学中，就是因为它本身是抽象的，它的研究对象是一切抽象结构、所有可能的关系与形式。数学也是一门需要创造性的学科。在预测能被证明的内容时，和构思证明的方法一样，数学家们需要高度的直觉和想象。

就数学在科学领域的应用而言，它无疑是人类实现各门科学从观察到精确、从定性到定量的认识的基本方法和手段。因此，通过数学的应用程度就可以判定科学的精确性和完善性的程度。近代之初，甚至直到19世纪，数学在自然科学中的应用还只是局限于极少数的科学领域。正如恩格斯所言："数学的应用，在固体力学中是绝对的，在气体力学中是近似的，在液体力学中已经比较困难了；在物理学中多半是尝试性的和相对的；在化学中是最简单的一次方程式；在生物学中是零。"19世纪之前，在地质学和气象学中，数学的应用也接近于零。到了20世纪，数学日益渗透在各个自然科学的领域中，使科学的数学化正在成为当前自然科学发展的一种趋势。离开数学就不会有任何科学的发展与进步。

在从古代科学过渡到经典科学的过程中，世界图景的机械化意味着借助于经典力学的数学概念引入了一种对自然的描述：它标志着科学数学化的开始，这一过程在 20 世纪以越来越快的速度进行着。

今天，数学正在向一切学科渗透。计算机的本质就是数学，如今几乎所有领域都要使用计算机。数学的基础重要性体现在日常生活的方方面面，大数据时代更是让每个人都能体会到"万物皆数"。数学方法已渗透到和支配着自然科学的许多"理论"分支，能否接受数学方法或与数学相近的物理学方法，已越来越成为现代经验科学中各个学科成功与否的主要标准。确实，整个自然科学一系列不可割断的相继现象的链都被打上了数学的标志，几乎和科学进步的理念是一致的。毫不夸张地说，正是由于有了数学，现代科学才取得了辉煌的成就。美国数学史家M·克莱因说：数学是科学的灯塔。

科学的数学化起源：熟知未必是真知

为了理解科学的前沿，我们必须了解科学的起源。在科学的起源过程中，数学起到了根本性的作用。现在人们一般都认为，把数学放在自然科学内不大妥当。科学本质上是物理学，而数学科学则跟思维的关系更密切一些，所以今天数学是一门独立于科学的学科。这种看法是基于数学已经发展到今天所呈现的必然结果，在当下来说是对的，但如果从历史的角度来说是不全面的。通过回顾科学历史来重新审视科学的起源和演化，我们就会发现，数学是这一发展过程的主线。

在西方文明中，数学一直是一种主要的文化力量。英国著名历史学家汤因比曾指出，世界上曾经存在过 21 种文明，但只有希腊文明转化成了今天的工业文明。之所以如此，就是因为数学为希腊文明提供了工业文明的要素。

虽然说科学的精神源于古希腊求真求知的人文精神，近代科学的出现又是多种复杂的社会思潮交织在一起产生的，包括基督教本身的思想运动、资本主义的萌芽、中世纪的技术革命以及文艺复兴、地理大发现、宗教改革等，但纵观科学史就会发现，科学是以哲学为起点的、以自然为对象的、以数学为语言的、以人类为中心的、以实验为手段的、以形式为逻辑的自由探索。其中，科学演化的一个重要逻辑主线是数学。李约瑟认为，近代科学从方法上有别于古代的地方是将数学与实验结合起来。关于什么是科学的问题，伟大的牛顿给出了明确的回答：科学是对自然过程的精确的数学表达。

从单纯的数学历史发展中，看不出科学出现的脉络，只有从数学的哲学考察中，才能见到科学的真面目。在人类文明中，数学如果脱离了其丰富的文化基础，就会被简化成一系列的技巧，它的真面目也就被完全遮蔽了。本书要讨论的就是科学的数学化起源这个最基本的问题，并给出了明确的回答：古希腊的毕达哥拉斯－柏拉图主义的数学哲学是科学的数学化起源的基础。

黑格尔说：熟知未必是真知。"李约瑟难题"为我们所熟知，但始终没有为我们所真知。"李约瑟难题"是否成立、是真问题还是假问题已经不是最重要的，最重要的是通过对"李约瑟难题"的进一步反思，我们可以在当下思考中国科学未来应该走一条什么样的道路。"李约瑟难题"是一个好问题！

自然的理性化运动

如果我们从今天世界科学的现状出发回溯，就会发现古希腊的科学与今天的科学最接近。通过考察科学史可以看出，现代科学在形式上还保留着极强的古希腊色彩，而今天整个科学发展模式在古希腊天文学中已经表现得极为完备。古希腊的哲学家们专注于万物的起源、变化及知识的来源，从而形成了独特的世界观。可以说，他们的思考是现代西方科学的源头。

古希腊哲学的唯理论倾向：探索万物起源

哲学就是不断地追问，而追问的核心问题是世界从哪里开始、由什么构成。古希腊哲学通过两条路径进行追问：一条是自然哲学的追问，侧重事物的物质形态，是经验和感官的；另一条是形而上学的追问，探寻万事万物存在的根据和原则，侧重事物背后的抽象形态，是理性和思维的。古希腊人为后来在现代自然科学的确立中起关键作用的许多概念的形成提供了基础。当今自然科学的发展道路上仍然具有两种强大的古希腊思想：一种是确信物质由最小的、不可再分的原子所构成，即原子论思想；另一种是相信万事万物的根本特征在于数学。

古希腊第一位哲学家泰勒斯，不仅奠定了希腊数学的基础，而且创立了希腊哲学，提出了重要的宇宙起源理论。公元前 5 世纪，泰勒斯生活在古希腊殖民地米利都，他正确地预测了一次据认为发生在公元前

585 年的日食。关于泰勒斯还有一种说法，他在一天当中自己影子的长度等于自己身体长度的时候测量过一座金字塔的高度。泰勒斯声称"万物皆水"，自然哲学就是从这里开始的。

从字面上说，"万物皆水"这种主张是荒谬的。但是这个回答却标志着人类思想上第一次摆脱希腊神话的影响，从自然的神话时期过渡到自然的哲学时期。我们可以想象，泰勒斯是在问这样的问题：在变化的过程中，保持不变的是什么？多样性中的统一性是什么？我们似乎可以合理地相信：泰勒斯假定发生着变化，而在所有的变化中存在着一种不变的元素，因而成为宇宙的"积木"。这种"不变的元素"笼统地叫作"始基"，就是事物构成的"质料"，也叫原理。

在把几何学原理传播到希腊方面，泰勒斯功不可没。泰勒斯是第一个将数学建成演绎学科的哲学家，他开启了希腊的哲学纪元。泰勒斯之后，他的学生阿那克西曼德提出"万物皆气"，而赫拉克利特说"万物皆火"，并且强调"火"与万物之间存在着对立统一关系。同时，作为古代辩证法的创始人，赫拉克利特认为，万事万物都处于不断变化中，他的观点是"万物皆流"，他的名言是"人不能两次踏进同一条河流"。赫拉克利特还认为，矛盾是指引一切的，他的这一看法隐藏在"战争是万物之父"这句话中。在希腊语中，战争也包含其他形式的对抗，如意见的对抗、性别的对抗。赫拉克利特利用弓和竖琴来说明他的思想：对立力量的内部紧张可以产生力量与和谐。

沿着形而上学这条哲学线索追问世界本源的是毕达哥拉斯学派，代表人物是毕达哥拉斯。毕达哥拉斯的观点是"万物皆数"。毕达哥拉斯学派相信事物的本质不是经验的和感官的，而是由抽象的数量关系构成的。

毕达哥拉斯学派在数、数量关系中发现了各种现象的本质，在对自然的解释方面，认为数是根本的要素，是宇宙的质料和形式。后来，柏拉图的"理念论"深受毕达哥拉斯的影响。理念作为实体，被亚里士多德总结为"形式因"。

后期的毕达哥拉斯学派提出了一个令人惊异的新理论，他们不再把地球当作宇宙的中心，取而代之的是"中心之火"，也称作宇宙的心脏或宙斯的烽火台。

古希腊神话中有"万物皆土"的理念。爱利亚学派的先驱克塞诺芬尼第一次把古希腊众多的神归一为一个神，使"众神"变为"一神"。而他的学生巴门尼德则进一步提出了"存在"这一影响至今的哲学概念，"存在"具有不生不灭、独一无二、不变不动的特点，并且是圆形的。为了阐述"存在"的意义，巴门尼德说没有任何东西是处于变化的状态之中的，即"万物静止"。巴门尼德提出了二元论性质的两难论题，即"理性说变化在逻辑上是不可能的，而我们的感觉则告诉我们变化存在着"。我们该怎么办？巴门尼德作为典型的希腊人，以理性的方式告诉我们必须相信理性：理性是正确的；我们的感觉在欺骗我们。巴门尼德的学生芝诺为了证明老师的观点是正确的，创造了四个悖论来论证"万物静止"。芝诺悖论涉及连续性、有限和无限等概念，它们对于微积分学来说都是基础性的概念。芝诺悖论为微积分理论、极限理论、无穷理论的创建提供了强大的动力。

古希腊智者学派的代表人物普罗泰戈拉认为，对世界万事万物本源的追问，比如"水""气""火""土"等，不同的人有不同的答案。所以他说"人是万物的尺度"，这是第一次在哲学上对人类中心主义的宣言。

　　"四元素说"创始人恩培多克勒认为，一切事物都是由水、火、土、气四种元素以不同的比例和数量构成的。事物的"生灭"由"离合"来取代，而事物之间"分离与聚散"的动力是爱与恨。这是从强调事物本源的质料，开始强调事物之间相互转化的动力因。

　　古希腊哲学家、原子唯物论思想先驱阿那克萨戈拉提出了"种子"说，他认为世界万物的始基是"种子"，种子数目无限多、体积无限小。种子的结合和分离就是事物的产生和消灭。

　　"万物皆水""万物皆气""万物皆火""万物皆土"等这些对世界本源的假设和追问形成了一种还原论，就是主张把高级运动形式还原为低级运动形式的哲学观点。更重要的是，自然哲学和形而上学的这些追问是从时间上还原的。而在空间上对世界本源的追问，最有代表性的是德谟克利特的"原子论"。

　　德谟克利特认为，世间万物都是由一种不可再分的原子构成的，原子是不可分、不生不灭的，在数量上是无限的，在虚空中做直线运动，并且是永远运动着的。德谟克利特第一次提出了"机械论"的观点，认为运动有其因果必然性，原子论是一种天才的创造，是古希腊自然哲学的最高峰。

　　德谟克利特还认为"甜与咸，冷与热以及颜色等，只在意念中存在，在实际中不存在，真正存在的是不可分割的原子"。德谟克利特主张物质与运动存在于物理世界中，是第一性的东西；而如颜色、冷热等主观感受，属于第二性的东西。仅仅是当外界的原子冲击到人的感官时，第一性的东西才产生这些感觉上的效果，这就是古希腊的第一性与第二性的主张，在 17 世纪时被笛卡儿改造成心物二元论。笛卡儿认为存在两个世界，一个是按照数学规律设计出来的巨大机器，存在于空间和时间中，另一个是思维的世界，第一世界中的元素作用在第二世界中就产生出物质的非数学性质或次要性质。

原子论者对原子的原始运动未加说明，可能是为了避开"创世主"这一话题。但原子论者又是严格的决定论者，认为万事万物都是有原因的，因此他们只好不做说明。原子论的假说在两千多年后才被人们证明。德谟克利特的哲学思想不仅仅是科学的，而且是富有创造性、充满生气的。

从苏格拉底开始，古希腊哲学在唯理论的倾向上就走向精确的理性道路。苏格拉底把对哲学关注的对象转向了主观普遍性，他号召人们"认识你自己"，强调"美德即知识"，把道德与知识论结合在一起，使得人们把对天上的关注转向了人间，开创了道德哲学。尽管苏格拉底使科学从属于伦理学，但他认为，无论人们讨论什么，首先必须作出清晰的和符合逻辑的定义和分类。苏格拉底在论证自己的观点时，采用了一种质问式的辩证法，即通过不断对对方的命题进行诘难和质疑，让对方陷入自相矛盾的境地，从而使哲学迈向精确化道路。他先通过精确概念产生判断，再进行归纳推理，然后寻找一般定义，从而形成一个严密的逻辑体系，这深刻地影响了他的学生柏拉图。

亚里士多德集古希腊哲学之大成，他在"第一哲学"的实体理论中，把自然哲学和形而上学两条路径的本源说总结为四因说：质料因、形式因、动力因和目的因。在进一步分析实体论时，亚里士多德认为四因说中的目的因最为根本。希腊人的知识论是把注意力转向推理规则、论证和理论评价。他们越发意识到，需要对论证的可靠性做出理性检验。哲学家的世界是一个有序的、可预言的世界，事物依其本性在其中运作。由于引入这些新思维方式的哲学家关注的是自然或本性，所以亚里士多德把他们称为自然哲学家。

无论是从自然哲学还是从形而上学的路径追问世界的本源，或是从质料因、形式因、动力因和目的因探寻世界的构成，无论是从时间上还原世界的本来面目还是从空间上还原世界的基本构成，古希腊哲学家理性的判断方法、深邃的直觉洞察能力，都洋溢着浓厚的理性主义色彩。唯理论倾向成为整个古希腊哲学的主流。唯理论就是理性主义，这种境界的部分内容是：自然界具有理性的秩序，所有自然现象都遵循着精确、不变的法则。唯理论者对世界唯物的、客观的解释成为后来西方科学兴起的强大基因。

毕达哥拉斯的"万物皆数"论：数与形的分离

古希腊哲学唯理论倾向最杰出的代表是毕达哥拉斯学派，其观点是"万物皆数"。毕达哥拉斯相信任何事物背后都有数量关系，数的关系居于自然秩序背后，统一、揭示自然秩序。数是描述自然的第一原理，是宇宙的质料和形式。数学是自然的本质。毕达哥拉斯学派发现了两个事实：第一，一根拉紧的弦发出的声音取决于这根弦的长度；第二，要使弦发出和谐的声音，则必须使每根弦的长度成整数比。这样，就将音乐简化成了简单的数量关系。

毕达哥拉斯学派认为，数字比率支配着音乐和弦定律，乃至整个宇宙。和谐乃宇宙之本质，这是毕达哥拉斯学派的固有观念，也是他们世界观的基石。他们最早相信地球是个球，并把行星运动归结为数的关系。由于毕达哥拉斯学派把天文和音乐"归结"为数，这两门学科就同算术和几何发生了联系，形成了古希腊的"四艺"，即算术、几何、音乐、天文，所以希腊学者坚信：整个宇宙都是根据来自分数的音乐谐声规律构建的。数学的特点是严密的逻辑性、高度的抽象性和广泛的应用性，所以古希腊"四艺"中的前两项算术和几何相当于"纯粹数学"，后两项音乐和天文则可以看成是"应用数学"。这四门学科都是数学学科的认识，并一直保持到中世纪。

毕达哥拉斯认为感官的世界是可生可灭的变化的世界，而抽象的数的世界是不生不灭的确定性世界。数作为思想的对象比感官的对象更具本质性、真理性，而自然界中的万事万物只不过是对数的模仿。毕达哥拉斯学派把数和万事万物加以分离，从"经验"走向"超验"，强调"万物皆数"。这不仅是西方哲学史上第一次形而上学的抽象，开启了西方唯理论的理性哲学传统，同时也奠定了希腊数学的本质和内容。

希腊数学与古埃及数学、巴比伦数学这种早期数学之间的最大区别，是希腊数学家从一开始就使用了证明。与数的概念一样，人类最初的几何知识也是从他们对形的直觉中萌发出来的，几何学便建立在对这类从自然界提取出来的"形"的总结的基础上。古巴比伦和中国都发现了直角三角形定理，但毕达哥拉斯是第一个给出证明的。毕达哥拉斯把证明引入了数学，这是他最伟大的功绩。

毕达哥拉斯最伟大的发现是关于直角三角形的命题，即直角三角形斜边的平方等于其他两边平方的和。这一发现的意义在于：几何发展为一门独立的学科，使得数学理论从诸如大地测量、计算这样的实践活动中抽象出来，而且证明了平面几何、立体几何、算术即数论中的基本定理。毕达哥拉斯定理以其简单、优美的形式，丰富、深刻的内容，充分反映了自然界的和谐关系，并第一次把我们存在的空间特征转换成数。几何学的方法对哲学和科学的发展产生了深远影响，并使从柏拉图到康德的大部分哲学家都获益匪浅。

在毕达哥拉斯时代，有理数支配着希腊人的世界观。"有理数"指的是所有能表示成整数或两个整数之比的数（也就是分数），"有理的"就是"比率"的意思。毕达哥拉斯定理提出后，其学派中的一个成员便开始考虑一个问题：边长为 1 的正方形，其对角线长度是多少呢？他发现这一长度既不能用整数表示，也不能用分数表示，而只能用一个新数表示。这一发现使数学史上第一个无理数 $\sqrt{2}$ 诞生。新发现的数由于和之前所谓的"合理存在的数"即有理数在学派内部形成了对立，所以被称作无理数。无理数是指不能写成两个整数之比的数，即"不可通约的量"，这些数被证明不能用有限量来表示。这个简单的数学事实的发现直接动摇了毕达哥拉斯学派的数学信仰和思维范式，而且冲击着当时希腊人所持有的"一切量都可以用有理数表示"的观念。这一发现在当时导致了人们认识上的危机，从而引发了西方数学史上一场大风波，史称"第一次数学危机"。

这场危机通过在几何学中引进不可通约量概念而暂时得到化解。但自那以后，希腊人把"数"与"形"分开来看，割裂了它们之间的密切关系。无理数的发现，标志着数学和几何第一次真正分道扬镳。而"数"与"形"的重新结合，是在 17 世纪笛卡儿发明坐标几何之时。第一次数学危机表明，几何量不能完全由整数及其比来表示；反之，数可以由几何量来表示。整数的尊崇地位受到挑战，古希腊的数学观点受到极大的冲击。于是，几何学开始在希腊数学中占有特殊地位。同时希腊人认为，直觉和经验不一定靠得住，而推理证明才是可靠的。从此希腊人开始从"自明的"公理出发，经过演绎推理，并由此建立几何学体系。

自文艺复兴以来，很多人文主义者都认为毕达哥拉斯是"精密科学之父"。他从数学的角度出发去解释世界，这在总体上确立了自然科学的发展方向，影响了后世的科学家。16 世纪初期，波兰天文学家哥白尼自认为他的"日心说"属于毕达哥拉斯的哲学体系。到了 17 世纪，发现自由落体定律的意大利物理学家伽利略也被称作毕达哥拉斯主义者，而创建微积分学的德国数学家莱布尼茨则自认为是毕达哥拉斯主义的最后一位传人。

当今社会，"万物皆数"已渗透我们日常生活的所有领域。一切皆数据，一切正在转化为数据。具备数据意识已成为现代人的基本素质，数字化生存也已成为当今常态。在中国，数字化已上升为国家战略。

柏拉图的"理念即数"论：数学的哲学化

如果说毕达哥拉斯的"万物皆数"是一个哲学观点，那么柏拉图则把这种观点上升为哲学理念。柏拉图比大多数毕达哥拉斯的门徒都走得更远，数学的哲学化就是从他开始的。他不仅希望通过数学去理解自然，而且希望超越自然去理解他认为真正实在的、理想化的、用数学方式组织起来的世界。对他来说，世界是按照数学来设计的，因为"神永远是按几何学原理工作的"。

柏拉图是苏格拉底的学生，曾跟随苏格拉底十多年，深受其影响。如果说苏格拉底探讨的主要是道德范畴的本质问题，那么柏拉图探讨的不仅涉及主观的道德世界，也包括客观事物。柏拉图认为世界分为两个：一个是感官世界，这个世界上的事物是可生可灭、转瞬即逝的，另一个是本质世界，也叫理念世界，这个世界上的事物是不生不灭、独一无二的。柏拉图认为任何事物都有两种形态：一种是具体事物，另一种是事物的共同本质，也就是理念。他强调"理念"是世界的最终根源，自然万物的存在是模仿理念的结果。柏拉图把理念世界分为六个层次，它们是自然物的理念、人造物的理念、数的理念、范畴意义上的理念、道德和审美的理念、善的理念。柏拉图认为理念世界的终极目标是"善"，所以在他的理念体系中，"善"是排在第一位的。柏拉图不认为理念世界和感官世界处于同等地位，而是认为理念世界更有价值，理念就是理想。正是这个观点，使柏拉图哲学成为哲学发展史上的里程碑。

在柏拉图看来，数学研究的对象应该是理念世界中永恒不变的关系，而不是感官世界的变化无常的事物。对数学哲学的探究，始于柏拉图。柏拉图认为数和几何图形，都是永存于理念世界中的绝对不变的东西。例如，三角形的理念是唯一的，但存在许多三角形，也存在各种具有三角形形状的现实物体。从这种观点来说，自然界应当完全能被数学所描述。

毕达哥拉斯主张自然完全是数学的。柏拉图在其物质理论中进一步发展了毕达哥拉斯的纲领，认为四元素可以还原为几种正多面体，而后者又可以还原为三角形。因此对柏拉图而言，组成可见世界的基本构件不是物质的，而是几何的。

柏拉图的《蒂迈欧篇》是毕达哥拉斯主义数学哲学的顶峰，其中给出了关于宇宙图景的构想以及宇宙和谐的合理说明。在这本书中，他讲述了一个创世神话，描述了一个智慧的造物主是如何仿照一些规则的几何图形来构造宇宙的。根据柏拉图的描述，造物主是一位仁慈的工匠、一个理性的神，他力图克服材料内在的局限性，尽可能造就一个尽善尽美的宇宙。这个造物主不仅是仁慈的工匠、理性的神，而且是伟大的数学家，因为他按照几何原理建造了宇宙。

柏拉图改造了恩培多克勒的四元素说，使得土、水、气、火的四元素观中充满了几何学要素，而且是以五种正多面体为基础的。在柏拉图时代，人们已经知道有且只有五种正几何多面体：正四面体、正立方体、正八面体、正十二面体和正二十面体。它们是由完全相同的平面组成的对称立体。将每种元素与一种正多面体联系起来，火是正四面体，气是正八面体，水是正二十面体，土是正立方体。最后，柏拉图把最接近球形的正十二面体等同于整个宇宙。柏拉图选择三角形作为这些多面体的不可还原的成分。通过这些单位三角形的组合，元素就会发生转化。柏拉图选择三角形的优点之一是，它可以用一个基本上是几何学的体系代替毕达哥拉斯的数论，从而避免无理数的转换。柏拉图的这种几何微粒，代表着人类思维向自然的数学化迈出了重要的一步。

柏拉图还给世界灵魂赋予了神性，并把行星和恒星视为一群天神。这个世界灵魂最终要对宇宙中的所有运动负责。在这里我们可以看到带有强烈泛灵论色彩的起源，它一直是柏拉图主义传统的一个重要特征。然而与传统希腊宗教的神不同，柏拉图的神从不干扰自然进程。在柏拉图看来，恰恰是神的稳定性保证了自然的规律性。太阳、月亮和其他行星必定以匀速圆周运动的某种组合而运动，因为这种运动最完美、最理性，所以是神唯一可以设想的运动。对于柏拉图来说，神的功能是支持和解释宇宙的秩序化与合理性。

柏拉图似乎已经认识到，行星运动的不规则性可以通过匀速圆周运动的组合来解释。柏拉图描绘的是一个美妙的宇宙，巨匠造物主用三角形和正多面体构造了一个具有至高合理性和美的最终产物，而宇宙如果是理性的，就必定是有生命的。

从柏拉图时代开始，数学就完全是演绎的，它不再是一种简单的技能，而是已经成为一门科学。所谓数学的柏拉图主义，是指数学概念和结论虽然是由人创造和推导出来的，但是具有客观性，数学家在引进一个新概念时，会认为自己发现了本已存在的东西。这种感觉是由于数学本身的特性产生的，这就是数学的柏拉图主义。柏拉图主义传统后来形成了新柏拉图主义，主要由两部分构成：一部分是泛灵论，另一部分是数学论。泛灵论在中世纪前与基督教结合形成"教父哲学"，而数学论则在文艺复兴时期得到了强有力的复兴，并一直影响到近代。

其最有代表性的人物是 17 世纪的开普勒，他深受数学的毕达哥拉斯－柏拉图主义的影响，开普勒坚信："对外部世界进行研究的主要目的在于发现上帝赋予它的合理次序与和谐，而这些是上帝以数学语言透露给我们的。"开普勒为宇宙绘就了一种先入为主的数学图景，在《宇宙的神秘》一书中，他假定 6 个行星的轨道半径是 5 种正多面体的球面半径，这些球和 5 种正多面体通过以下方式联系起来：最大的半径是土星的轨道半径。首先，他假设在这一半径的球里有一个内接正立方体，在这个正立方体里又有一个内接球，这个球的半径就是木星的轨道半径。然后，他假设在这个球里面有一个内接正四面体，在这个正四面体里又有一个内接球，它的半径是火星的轨道半径，如此继续下去，遍历5个正多面体。这个体系要求有 6 个球，正好和当时知道的行星数目一样。这个体系的优美和简洁，使开普勒完全陶醉于其中。这一"科学"假说被公布于世后，给开普勒带来了荣誉，甚至深深地吸引了今天的读者。但遗憾的是，由这一假说所导出的结论却与观察结果不符。于是，开普勒不得不摒弃了这个想法。另外一位近代科学巨人伽利略深受柏拉图的影响，强调"大自然的语言是数学，它的字母是三角形、圆"。

柏拉图创办了一所学园，叫"阿加德米（Academy）学园"。"阿加德米"这个词在今天的意思是学院或研究院。柏拉图认为创造世界的上帝是一个"伟大的几何学家"，因而其学园门口写着："不懂几何者不得入内。"柏拉图在学园中度过了他生命的后 40 年。529 年，东罗马帝国皇帝查士丁尼下令关闭存在了 900 多年的柏拉图学园。这一事件标志着新柏拉图主义的结束，也标志着整个古希腊哲学历史的终结。而新柏拉图主义的复兴，则始于文艺复兴。

亚里士多德的自然哲学：永恒的宇宙

当柏拉图在形而上学方面享有至高无上的荣誉时，他的学生亚里士多德就已经是逻辑学方面的权威了，且这个地位一直保持到中世纪。亚里士多德在柏拉图学园学习了 20 年，所以对几何非常熟悉，并继承了柏拉图的一些数学思想。他对定义做了更为细致的讨论，同时深入研究了数学推理的基本原理，并将它们区分为公理和公设。在他看来，公理是一切科学共同的真理，而公设则是某一门学科特有的最基本的原理。亚里士多德在逻辑学方面最重要的影响是他的三段论学说，即大前提、小前提、结论。比如每个人都会死，苏格拉底是人，所以苏格拉底会死。亚里士多德创造的这一体系是形式逻辑的开端，在当时为欧几里得几何学奠定了方法论的基础。

亚里士多德的世界不是一个偶然和巧合的世界，而是一个有序的、有组织的、有目的的世界，其中所有的事物都朝着由它们的本性决定的目标发展。亚里士多德认为万事万物的变化有四种原因：事物的形式因；形式所基于的质料因，它在变化中保持不变；引起变化的动力因；变化所要达到的目的因。其中，动力因非常接近现代的"原因"这一概念；目的因的意思是"目标""目的"或"终点"。

自然的理性化运动

　　亚里士多德对现实世界的研究以及对数学和现实的关系问题的分析与柏拉图相反，他批评柏拉图把科学归结为数学的认识。亚里士多德是个物理学家，物理科学是研究自然的基础科学，数学则从描述形式上的特征（如形状和数量）这方面来帮助研究，也为从物质现象中观察到的事实提供解释。数学是从现实世界抽象而来的，因为数学对象不能独立于或先于经验存在，而是作为能够被感觉到的对象本身与对象本质之间的一类观念存在于人的心目中。因为它们是从物理世界抽象出来的，所以能应用于物理世界。但若脱离可见的或可感的事物，它们便没有实在性。当然，仅靠数学是绝不能充分确定物质的。质的差异，如颜色的差异就不能归结为几何的差异。因此在研究原因时，数学至多只能提供形式原因方面的一些知识。亚里士多德相信天体的运动是数学化设计的，但是从根本上说，数学规律只是对事件的描述。对于亚里士多德来说，事件的目的因才是最重要的。亚里士多德把数学和物理严格区别开来，并给予数学以次要的地位。

　　亚里士多德的逻辑基本上就是由数学抽象出来的产物。从历史上看，数学和逻辑一直是完全不同的学问。数学与科学联结在一起，逻辑与希腊语联结在一起。但是在现代，两者都已得到发展：逻辑更加数学化，数学更加逻辑化。逻辑是年轻时期的数学，数学是成年时期的逻辑。

　　柏拉图的知识在于回忆，而亚里士多德的知识来自经验。亚里士多德曾断言，第一性的实在是具体的个别事物，真正的知识一定是关于真实存在的事物的知识。亚里士多德把他的知识探求引向了个体、自然和变化的物质世界。这种意义上，知识是经验的，离开这些经验我们什么也无法知道。但我们通过这一"归纳"过程所了解到的内容只有以演绎的形式表达出来，才能成为真正的知识，最终结果是以普遍定义为前提进行的演绎证明，这在后来的欧几里得几何学中得到了充分的展示。

关于宇宙的起源问题，亚里士多德坚决否认开端的可能性，并坚称宇宙是永恒的。亚里士多德认为这个永恒的宇宙是一个大球，月球所处的球壳将其分成上下两个区域：月亮以上是天界，月亮以下是地界。

亚里士多德接受了最初由恩培多克勒提出后被柏拉图采纳的构成万物的四元素（土、水、火、气）说。他和柏拉图一样认为这些元素实际上可以被还原成某种更为基本的东西，但他没有柏拉图那种数学倾向，因此拒绝接受柏拉图的正多面体及其三角形组分。

亚里士多德的主要目标是理解事物的本性，而不是探讨诸如运动物体的空间—时间（或位置—时间）坐标这样的偶然因素之间的定量关系。亚里士多德反对实验，他认为实验设计会破坏事物的本质而不是揭示事物的本质。

我们的世界是一个空间世界，而亚里士多德的世界则是一个位置世界。亚里士多德相信，在天球以外，既无空间也无时间，只有纯粹与自足的永恒。亚里士多德心中的神处在自然等级体系的最高层。理解亚里士多德运动理论最好的方法是把握它的两个基本原理。第一个基本原理是运动从来不是自发的，没有推动者就没有运动；第二个基本原理是关于两种运动的区分：运动物体朝向自然位置的运动是"自然"运动，朝向任何其他方向的运动只有在外力强制下才会发生，因而是"受迫"运动。

到目前为止，这听起来似乎很合理，但一个明显的困难是如何解释这一现象：一个被水平抛出从而做受迫运动的抛物体，在与其推动者脱离接触之后为什么不立即停止运动？亚里士多德的解释是介质充当了推动者。

事实上，亚里士多德在《物理学》中已经对运动进行了数学分析，可量化的距离和时间被用作运动的度量。根据他的定义，物理学把所有的自然物都看成可感知、可变化的物体。数学家则去除了物体的所有可感性质，使实在变成了抽象，这就脱离了物体的真实存在性。将现实世界中存在的重量、硬度、冷热、颜色等性质重新引入，我们便从数学的王国重新回到物理学的王国。

按照亚里士多德的逻辑原则，他以那些离知觉最近的事物即地球上的变化作为其出发点。其第一个决定性的步骤就是把数学从地球物理学中排除。在亚里士多德看来，柏拉图以三角形来构造物理世界的做法是站不住脚的。万物是从基本的物质元素和其内在的潜能中产生的，而不是从三角形的数学中产生的。

天文学是混合科学的一种，将数学与物理学结合在一起。因此，关于数学是否可用于自然这个问题，亚里士多德走了一条中间道路。他确信数学和物理学都有用，但显然它们不是同一种东西：数学家和物理学家或许可以研究同一对象，但却专注于该对象的不同方面。最后，从事中间科学或混合科学的人既关注事物的物理方面，也关注事物的数学方面。

在文艺复兴三杰之一拉斐尔的名画《雅典学派》中，亚里士多德与柏拉图比肩而立，位于画面中央。柏拉图左手拿着他的《蒂迈欧篇》，右手指向天空，仿佛在说天空是数学化的；亚里士多德左手拿着他的《伦理学》，右手手掌朝下，指着大地，似乎在告诉柏拉图科学始于感觉。亚里士多德的科学是定性的科学。

虽然亚里士多德说"吾爱吾师，但吾更爱真理"，即不同意柏拉图的一些观点，但他在什么是真正的知识上与柏拉图是一致的，即真正的知识是不以功利实用为目标的知识。而追求这种知识的行为，就是我们今天所说的"科学精神"。柏拉图的理念论和亚里士多德的逻辑论让人产生这样一种认知，即数学知识是确定的知识，这是因为数学定理在逻辑上是被证实的，实在是可以用数学的语言来考虑的。正是这种对数学概念和数学模型的"理想化"观点，通过确立经典力学和天文学，为文艺复兴时期的科学和技术革命埋下了伏笔。

欧几里得的《几何原本》：理性演绎的公理化方法

第一次数学危机发生后，几何学开始在希腊数学中占有特殊地位。这也反映出，直觉和经验不一定靠得住，而推理证明才是可靠的。从此，希腊人开始由"自明的"公理出发，经过演绎推理，建立起几何学体系。

生活在亚历山大里亚的几何学教师欧几里得，把亚里士多德发明的形式逻辑三段论和几何学结合起来，用形式逻辑的方法把前人的成果总结成一个体系，写成了一本书，叫《几何原本》。《几何原本》充分展现了几何学严密的逻辑推理、完整的公理体系以及数学世界的内在秩序和确定性。

欧几里得曾在柏拉图学园学习过，所以深受演绎推理的影响。同时，欧几里得还建立了一个公理化的体系。在《几何原本》中，欧几里得给出了 5 个公理、5 个公设及 23 个定义。公理是在任何数学学科里都适用的不需要证明的基本原理，公设则是几何学里不需要证明的基本原理。近代数学不再把公设与公理区分开来，都称为"公理"。这 10 个公理演绎证明了近 500 条几何结论，把演绎和证明的精神发挥得淋漓尽致。这套公理化的方法也被希腊的科学家用到了对自然的研究上，最后在力学和天文学上取得了突出的成就。欧几里得几何成为精确演绎的典范，而他本人则成为西方理性精神和理性思维的代言人。

一千多年来，《几何原本》被认为是理性科学的经典，是现代科学得以产生的一个主要因素。作为公理化方法演绎推理结构方面的杰出典范，这部著作对千年来的数学家、神学家、哲学家、科学家们都有深刻的启示。

1607 年，中国明代科学家徐光启和意大利传教士利玛窦共同翻译了《几何原本》的前 6 卷。直到 250 年后的 1857 年，中国数学家李善兰和英国传教士伟烈亚力才把《几何原本》的后半部译了出来。1865 年，曾国藩将与徐光启、利玛窦合译的前 6 卷和李善兰、伟烈亚力合译的后 9 卷一起刊刻，《几何原本》终于有了完整的中译本。这部世界数学名著对中国数学界产生了巨大影响。

在 19 世纪之前，只有牛顿的《自然哲学的数学原理》利用了欧几里得的公理化方法构建自己的科学理论体系，更多的则是神学家利用公理化方法构建神学理论体系。

在数学的影响下，唯理论学派出现了三位代表人物：笛卡儿、莱布尼茨和斯宾诺莎。他们都认为数学思维的严密性是认识的最高目的。唯理论学派的著名代表人物斯宾诺莎的代表作《伦理学》完全仿照《几何原本》的体例，先提出定义、公理，然后用演绎法对命题加以证明，并以"证毕"作为论证的结束。他确信哲学上的一切，包括伦理、道德都可以用几何的方法证明。

17、18 世纪的哲学家，从霍布斯、洛克到康德都以不同的出发点从欧几里得的几何智慧中吸取养分。唯理论的哲学论敌是经验论。可是经验论的代表人物霍布斯深受《几何原本》的影响，认为几何学的方法是取得理性认识的唯一科学方法。在西方有着巨大影响的康德哲学体系，更是以《几何原本》为基础的。

康德哲学的出发点是要解决这样一个基本问题：既然人的认识都来源于经验，为什么又能得到具有普遍必然性的科学知识，特别是数学知识呢？于是，他提出人具有先验的感性直观——时间与空间。康德用他的时空观来解释数学，认为数学知识之所以具有普遍性和必然性，其根源在于人心中时间和空间观念的先天性。康德断定，人心中存在着两种先天的感性直观形式：时间和空间。而支撑他这一论点的，就是欧几里得的《几何原本》。不难看出，康德的时空观及其数学理论的认识论基础，是唯心主义先验论。虽然后来非欧几何的诞生证明康德的学说是错误的，但康德学说的影响却是深入人心的。

希腊人坚持演绎推理是数学证明中唯一的方法，这是最为重要的贡献。希腊人认为知识的本质是非经验的，因而发展出独具特色的演绎科学。演绎法异乎寻常的作用，一直是数学惊人力量的源泉，而且以此将数学与所有其他知识领域的各门学科区别开来，特别是使数学与科学有了明显的区别。因为科学还要利用实验和归纳得出结论，所以科学中的结论经常需要修正，有时甚至会被全盘抛弃。而数学结论则数千年都成立。

进入 20 世纪之后，伟大的数学家希尔伯特对欧几里得的公理化方法进行了完全的形式化改造，进而被广泛地应用于许多科学领域。现代的公理化方法，通过数理逻辑的研究，一方面使数学更加形式化和精确化，另一方面又使数学的逻辑推理形式更加公理化、符号化，以致在数学内部开始形成新的符号语言 —— 算法语言。算法语言的发展，既促成了计算机和控制论的产生，又被广泛用于描述力学、物理学、生物学、遗传学、经济学等多门学科领域的理论问题。公理化方法的广泛应用，不仅会使科学理论更加形式化和精确化，而且反过来会促进各门学科的进一步数学化。

科学的精神：追求"无用"的知识

据说欧几里得的一位学生向他询问学习几何学会有什么用时，欧几里得命令仆人给他一个便士，让他走。他对身边的人说："因为他总想着从学习几何中得到实际的用处，这不是学习几何的目的。"古希腊所追求的不以实用为目的的知识成为现代科学精神的重要来源。

古希腊时期的数学，都以经验的积累和实用为主要特征。数学公式往往是对日积月累经验的提炼。经验无疑很重要，但它对获得知识却几乎没有什么作用。当大批游历埃及和巴比伦的希腊商人、学者返回希腊后，他们所带回的数学知识与希腊城邦社会特有的唯理主义相结合，这些经验的算术和几何法则就被提升到具有逻辑结构的数学体系中。古希腊"四艺"中的前两项算术和几何是"纯粹数学"，后两项音乐和天文则可以看成是"应用数学"。

古希腊的"闲人"们之所以能够进行哲学思考，是因为有大量的奴隶存在。他们毫不遮掩地表达自己对劳动和商业的鄙视。亚里士多德宣称，在一个完美的国度里，公民不应该从事任何手工操作技艺。亚里士多德说，真正的知识就是不以实用为目的的纯粹知识，而追求纯粹知识就是自由的表现。所以他又说，自由人当然应该追求自由的知识。这是古希腊是科学发源地的一个根本原因。柏拉图则说，算术应该用于追求知识，而不应该用于进行贸易。因此他宣称，对于一个自由人来说，从事商业贸易是一种堕落。他希望把从事商业贸易职业看成一种犯罪行为，应该予以惩罚。可以说，追求无用知识的最典型代表是柏拉图。在柏拉图看来，真正的天文学与可见天文运动无关。柏拉图强调，真正的天文学是研究数学天空中真实星体的运动定律，可见的天空不过是一种不完美的表现形式罢了。柏拉图说，我们"无须理会天空"。柏拉图强调要用"理念"而不是用"眼睛"来从事理论天文学的研究。航海、历法和时间的测量，与柏拉图的天文学显然是不相关的。虽然柏拉图不愿进行观察和实验，并且这阻碍了希腊科学的发展，但他利用演绎方法得到的逻辑真理，却有不可估量的价值。它为人类的天空描绘了第一幅最有意义的数学图景。柏拉图早期的学生，都是那个时代最著名的哲学家、数学家和天文学家。在柏拉图的影响下，他们偏重纯数学，以至于忽略了所有广泛的实际应用，但却极大地丰富了各种知识体系。

为了追求数学的纯粹性，古希腊人甚至限制对作图工具的使用。柏拉图认为，使用复杂的工具，几何学的优点就会荡然无存。这种对使用直线、圆的自我约束、非理性限制，目的就是保持几何学的简单、纯净与和谐，以及由此而产生的美学上的魅力。

在古希腊数学中，有三个众所周知的几何作图问题："化圆为方"

"倍立方"和"三等分任意角"。这些几何作图问题，仅限于使用一把直尺和一个圆规，而不允许使用其他工具。"化圆为方"就是构造一个正方形，其面积与给定圆的面积相等。"倍立方"就是构造一个立方体，其体积是给定立方体体积的两倍。"三等分任意角"就是将任意一个角分为相等的三部分。

直到 1837 年，法国数学家旺策尔才给出了"三等分任意角""倍立方"两个问题不可能性的证明。1882 年，德国数学家林德曼证明了圆周率 π 是超越数，从而给出了"化圆为方"问题不可能性的证明。1895 年，德国数学家克莱因给出了三大问题不可能性的简单而清晰的证明。

也就是说，这些问题并没有实用意义。然而正是人类这种不可抑制的迎接智力挑战的激情，使得数学家们试图去解决这种理论上的作图问题。

事实证明，即使是纯粹抽象的研究也是有极大用处的。更不用说由于科学和工程的需要而进行的研究了。圆锥曲线（椭圆、双曲线和抛物线）自被发现 2000 多年来，曾被认为不过是"富于思辨头脑中的无利可图的娱乐"。可是，最终它却在现代天文学、抛物运动理论和万有引力定律中发挥了作用。

古典时期的希腊文化，大约从公元前 600 年延续到公元前 300 年。由于古希腊数学家强调严密的推理以及由此得出的结论，因此他们所关心的并不是这些成果的实用性，而是如何教育人们去进行抽象的推理和激发人们对理想与美的追求。他们崇尚"为学术而学术，为知识而知识"的自由探索精神。在历史的长河中，关于数学的"无用之大用"的例子不胜枚举。这种追求"无用"知识的"独立之精神、自由之思想"的精神气质，到今天仍是科学精神中最重要的品质。

拯救现象：天空的数学化

英国哲学家罗素在评论古希腊的各类哲学观点时说：历史告诉了我们一个普遍真理：一个假说如果能启发人们以一种新的方式去思考事物的话，那么，这一假说不论多么荒谬，它都是有价值的。

自古以来，对宇宙的看法是形成世界观的基础。这种世界观不仅能满足人类心理上的需求，也能渗透到人类每一种实践的和精神的活动中，对宇宙模型的假设就是采用这种世界观的结果。天文学家的职责之一就是提出一些假设，使人们能够根据这些假设，运用数学的原理计算天体的运动。这些假设不必是真实的，甚至不必是可信的，只要数学运算结果与所观测到的一致就足够了。

古希腊人的宇宙观：几何天空的两球宇宙

公元前 5 世纪后期，毕达哥拉斯学派大胆地宣称大地是球形的，巴门尼德则把这一观念用文字写出来。这些思想的动机既是科学的，也是审美的。与此同时，毕达哥拉斯的追随者们提出了第二个宇宙论，使地球处在运动之中并部分地剥夺了它独一无二的地位。对于毕达哥拉斯学派来说，地球只是包括太阳在内的众多天体中的一个，它们都围绕"中心火"旋转。毕达哥拉斯学派的一位哲学家还坚信是地球在旋转，而不是天空在旋转。

拯救现象：天空的数学化

阿利斯塔克提出了日心说，认为太阳在宇宙的中心固定不动，地球则作为行星围绕太阳运动。

这些异想天开的宇宙论，超越了他们的时代，与现代的观点非常接近。但是，由于这些宇宙论与人们的感官直觉不相符，所以被当时的大部分哲学家和几乎所有的天文学家所忽视。中世纪由于基督教的盛行，它们更不可能有被认可的空间，只是在人们的嘲笑中默默地存在着。

从公元前 4 世纪开始，绝大部分古希腊天文学家和哲学家都相信，地球就是静止地悬在一个携带恒星而转动的更大球体的几何中心的小球。太阳在地球和恒星天球之间广大的空间中运动。在天球之外什么也没有 —— 没有空间、没有物质等。

柏拉图认为存在两个世界：一个是感性世界，另一个是理性世界。"理念"是世界的最终根源，自然万物的存在是模仿理念的结果。而理念的终极目标是"善"，表达"善"的最完美的形状一定是"圆"形。

由于恒星看上去跟我们目力所及的东西一样遥远，所以人们会很自然地设想它们就嵌在宇宙的外表面并随它一起运动。而且，由于恒星保持有规律且永恒的运动，所以它们所依附的宇宙本身也应具有相同的规律性，并且也应该永远以同样的方式运动。

随着柏拉图和与他同时代的欧多克斯的出现，希腊天文学于公元前 4 世纪发生了决定性的转变。他们把目光从关注恒星转向关注行星，并提出了"两球模型"来表示恒星和行星现象，同时确立了旨在解释行星观测运用的几何理论所必须服从的标准。柏拉图坚信宇宙根本上是几何的，它的基本构成要素不是什么别的东西，只是空间的有限部分；作为一个整体，它呈现出一种简单、对称、美丽的几何和谐。柏拉图认为，真正的天文学研究的是数学天空中真正星辰的运动规律，而可见天空只是数学天空的不完美的表现。

柏拉图和欧多克斯设计的两球模型把天和地设想成一对同心球。恒星固定在天球上，太阳、月亮和其余五颗行星沿天球表面运动。天球的周日运动解释了所有天体每天的升落。两个球上相应的圆周将两个球分成各个区，并标示出行星的运动。地球固定在中心，天球则绕着垂直的轴每日旋转，地球的赤道投射到天球上就是天球赤道。太阳围绕天球所走的周年路径就是黄道，这是一个与赤道大约成 23 度倾角的圆，是黄道带的中心。在这一体系中，每颗行星（包括太阳和月亮）都固定在某个绕轴自转的天球的赤道上，地球则静止于各个天球的中心。这就是两球宇宙模型：一个为人而设置的内在球和一个为恒星而设置的外在球。

到了公元前 4 世纪，太阳、月亮和其余行星的运动已经得到了认真的观察和出色的绘制。在柏拉图和欧多克斯的模型中，太阳每年沿黄道运转一周，月亮则一个月运转一周，它们都是自西向东以近乎均匀的速度运动的。

要想理解两球模型的成就，就必须明白，所有行星的运动都是在天球表面发生的，而天球每日绕地球旋转。从固定不动的地球上看，最终的运动是行星沿黄道不规则运动与天球每日均匀旋转的结合。因此，两球模型是一种设想和谈论行星现象的几何方式。

亚里士多德在认同两球模型的基础上进一步指出，两球模型不仅仅是一种数学上的几何模型，也是真实的物理实在。亚里士多德认为，整个宇宙被包含在天球之内。宇宙内部的绝大部分被一种单一的元素以太所填满，它聚焦成一系列层层相套的同心球壳，形成了一个巨大的空心球。亚里士多德赋予了天以最完美的运动——连贯的匀速圆周运动。除了是最完美的运动外，匀速圆周运动似乎还能解释所观察到的天体旋转。亚里士多德区分了宇宙的天界和地界两个领域。自然运动和强制运动说适用于宇宙中最接近地球的领域。恒星和行星属于天界，它们做匀速圆周运动。此外，宇宙被认为是封闭、有边界的。

两球宇宙起初主要是用来解释恒星的周日运动以及那些运动随观察者在地球上位置的变化而变化的方式。但是它一经发展出来，就很容易扩展出新的理论为太阳运动的诸观察赋予规则和简单性。而且在揭示了太阳行为的复杂性背后无可置疑的规律性之后，概念图式提供了一个框架，有助于研究更加不规则的行星运动。

两球宇宙并不是一个真正的宇宙论，而只是宇宙论的结构性框架。但这个结构性框架容纳了自公元前 4 世纪到哥白尼时代的 1900 年间大量不同且具有争议的天文学和宇宙论方案。存在着许多两球模型，但自从它第一次被确立之后，两球框架本身几乎从未遭到质疑。差不多有 2000 年，它支配了全部天文学家和绝大部分哲学家的想象力。尽管它只是一个框架，但却是从一个又一个天文学家提出的各种行星运行机制中抽象出来的。

宇宙作为包括地球的一个整体，就其结构而言根本上是数学的。西方两大主要的科学宇宙论——托勒密体系和哥白尼体系，就建立在两球宇宙的基础之上。

"拯救现象"的千年追问：天空的数学化

古希腊人认为，天际中唯一最高贵的运动一定是匀速圆周运动。基于这种神圣的理念，古希腊人的天空非常纯净。天体的数目不增不减，永恒如此。在所有的几何形状中，古希腊人一致认为圆和球的形状是至善至美的。

但是古希腊人发现，行星运动会出现逆行现象，五个行星不仅运动速度不均匀，而且运动方向经常发生改变，即本来是东向运动，可是有时会先停下来，然后改为西向运动，这在天文学上称为逆行。因此，通过肉眼观察到的行星运动与人们信奉的天空理念不符是一个问题。

在柏拉图的理念论中，排第一位的是"善"；同时，柏拉图认为如果"善"有形状的话，那一定是一个完美的圆。所以，行星运动的"逆行现象"这个问题对他而言特别重要。这就引出了一个问题：有没有一种假说可以把行星表面的无秩序转化为秩序和美呢？如果有，那么柏拉图"善"的理念就能得到证明。哲学家柏拉图探讨的这个问题支配了后来大部分的希腊思想，他向学园弟子发出了"拯救现象"的号召："通过假定行星做什么样的均匀而有序的运动，才能说明它们的视运动呢？"

拯救现象：天空的数学化

柏拉图认为天文学所要关心的不是可见天体的运动，仅仅对运动做些观察和解释远远不是真正的天文学。要知道真正的天文学是研究数学天空里行星的运动规律的，因此必须先"把天放在一边"，而可见天空不过是数学天空的不完美的表现。

柏拉图的学生欧多克斯给出了这个问题的第一个解释。欧多克斯体系利用了一系列同心天球，其中心是不动的地球。欧多克斯的基本方案被称为同心球模型，同心球模型把行星的"不规则"运动"分解"成"规则"运动的"叠加"。在欧多克斯的行星体系中，每颗行星都被放置在一组有两个或更多相互连接的同心天球的内层天球上，这些同心天球绕不同轴同时旋转，就产生了行星被观测到的运动。欧多克斯给出了历史上第一个重要的天文学理论，而且是在自然界理性化的过程中走出的决定性一步。因此说，他是古希腊最卓越的数学家之一。

然而，同心球模型虽然开创了科学方法论之先河，但并没有持续多久。因为它有一个致命的缺陷，即让行星与地球始终保持距离不变，所以不能解释行星亮度的变化。之后，数学家阿波罗尼提出的本轮—均轮模型解决了这一问题。这个模型让行星位于本轮上，让本轮的中心位于均轮上、均轮的中心位于地球上。当本轮和均轮同时运动时，既可以产生逆行，也可以产生行星—地球距离的变化。经过几代人的努力，本轮—均轮模型得到进一步扩展和优化，终于在公元前 2 世纪的托勒密那里修成正果，托勒密的集大成之作《天文学大成》成为希腊数理天文学的一座丰碑。这本书运用包括本轮—均轮、偏心圆、偏心匀速圆等在内的天球层叠的几何技巧，模拟行星复杂多变的不规则运动，为精确预测行星路径奠定了方法论基础，建立了一个基于数学理性的宇宙体系。托勒密的所有继承者包括哥白尼在内都是模仿托勒密来开展工作的，所以由托勒密提供原型的整个一系列尝试在今天通常被总称为"托勒密天文学"。"托勒密天文学"是指解决行星问题的一种传统方法。

托勒密体系可以同亚里士多德的物理学体系完美地结合起来。恒星、行星、太阳、月球被赋予了匀速圆周运动或这种匀速圆周运动的组合运动，即它们的"自然运动"；地球则静止于宇宙中心，即这里是它的"自然位置"。所以托勒密体系并不需要另找一个新的物理学体系，因为它已经与同心球体系十分契合。

天文学被归类为数学学科。托勒密说，它可以用来铺就通往神学之路，因为诸层天预示着神性。本轮—均轮、运动的偏心轮以及偏心匀速点这一整套几何结构，以不同的组合方式被应用于每一个天体，以便对各种现象做出非常恰当的说明。

从托勒密去世到哥白尼出生的 13 个世纪中，他们的著作并没有被进行任何大幅度的修改。到了文艺复兴时期，哥白尼登上了历史舞台。哥白尼生于 1473 年，卒于 1543 年，占据了文艺复兴和宗教改革的核心时期。哥白尼是一位地道和纯粹的毕达哥拉斯主义者。

其实在柏拉图发出"拯救现象"的号召后，古希腊先后有两人分别提出了两种拯救方案。第一种方案是柏拉图的学生赫拉克利德提出的。赫拉克利德认为：第一，地球围绕自己的轴由西向东旋转，大约一天完成一次旋转；第二，水星和金星并非绕地球旋转而是绕太阳旋转。第二种方案是阿利斯塔克提出的，实际上是他最早提出了日心说。这个日心说是在阿基米德的《数沙者》一书中提到的，而阿利斯塔克已经提出了这样的理论：地球围绕太阳运行，太阳是宇宙的中心。

虽然没有直接证据显示哥白尼受到阿利斯塔克的启发，但有一点是肯定的，即哥白尼曾在古希腊的理论中寻找灵感。哥白尼的思想非常简单：地球不是宇宙的中心，太阳才是！哥白尼主义的解决方案，完全立足于宇宙是简单和谐的这个先验假说之上。哥白尼的观念把天文学事实抛入一个比较简单和谐的数学秩序之中。对于自然的简单性和均一性的信仰和发现，是近代科学的一个本质特征。由于取代了托勒密体系的 80 个本轮，哥白尼体系更简单：他只用 34 个本轮就实现了"拯救现象"。

哥白尼体系与托勒密体系相比有两大优势。首先，哥白尼体系比较容易解释行星的逆行，能够说明为什么逆行由行星与太阳的相对位置所决定。其次，哥白尼体系能够确定行星与太阳及地球之间的距离。

哥白尼在其《天体运行论》的前言中明确指出："数学是为数学家准备的。"哥白尼阅读毕达哥拉斯学派天文学家的著作后，开始确信整个宇宙是由数构成的，因此凡是在数学中为真的东西在实际中或者天文学中也为真。我们的地球也不例外，它本质上也是几何的，因此数学价值的相对性原理如同适用于天文学王国的任何其他部分一样，也适用于人类领域。对于哥白尼来说，向新世界观的转变，只不过是在那时复兴的柏拉图主义的鼓舞下，把复杂的几何迷宫在数学上简化成一个美丽、简单、和谐的体系的结果。哥白尼体系的根本意义在于 —— 毕达哥拉斯主义的复兴。

哥白尼的宇宙作为一个简单的数学和谐的思想，让开普勒深以为然。开普勒坚信，宇宙基本上是数学的，而且一切真正的知识必定是数学的。出于宗教的原因，哥白尼和开普勒都坚信运动的均匀性。这就是说，他们坚信每颗行星都会在其公转中受到一个不变的、绝不失效的原因的推动。

所以开普勒的三大宇宙定律中最让他高兴的是第二个。那就是，行星在绕太阳公转的过程中，行星矢径在相等的时间内扫过相等的面积。因为正是这个定律首次解决了行星速度的不规则性问题，而这个问题是哥白尼在处理托勒密体系时的一个主攻点并且是无法攻破的。因此，开普勒很高兴能够就面积"拯救"这条原则。

"拯救现象"这个概念的流行，经过了整个古希腊、希腊化时期、中世纪、文艺复兴直到 17 世纪。先是开普勒发现了行星以椭圆形而不是以圆形在运动，太阳位于一个焦点上而不是位于圆心上；之后是牛顿发现了它们甚至不是以标准的椭圆形在运动。至此，柏拉图追问了千年的问题"拯救现象"终于得到了完美的拯救。

在历时千余年的"拯救现象"中，有两个最基本的要素起着决定性作用，一个是哲学范式，另一个是数学。"拯救现象"把最初人们坚信最完美的圆"拯救"成椭圆，把地心说"拯救"成日心说，而在这一过程中，数学起到了根本性作用！

希腊化时期的数学

　　"希腊化"文明出现在亚历山大的东征之后。公元前4世纪末到公元1世纪，马其顿国王亚历山大大帝率军征服了希腊各城邦，建立了亚历山大帝国，将古代世界的中心从雅典迁到埃及的亚历山大这座新城市。随着亚历山大帝国的不断扩展，希腊文化开始向东方传播并与东方文化进行交流。虽然表面上亚历山大大帝建立的帝国横跨亚非拉，但由于失去了原来希腊城邦那种开放、自由、宽容的氛围，希腊哲学开始衰落。波斯、埃及、巴比伦等东方文化长期处于专制统治中，带有更多官僚和纵欲主义色彩。受东方享乐主义的影响，希腊人民对国家失去责任感，也不再关注自然与世界。

　　从地理位置来看，亚历山大里亚城正好位于亚洲、非洲和欧洲的交界之处。在这里，来自不同民族和种族的学者将他们各自不同的文化要素融合起来形成一种科学。它跟希腊科学相比缺乏哲学性，更多的是数学性和数量化。以亚历山大里亚为中心，一种新的文明诞生了。这种新的文明对数学和西方文明做出了巨大的、不可磨灭的贡献。

　　在亚历山大里亚人的世界中，数学占有最为重要的地位，但亚历山大里亚"希腊化"文明产生的数学，几乎与希腊时代所产生的数学有着完全不同乃至对立的特征。罗马人是讲求实用的民族，新数学颇具实用性，经典数学则与实用毫无联系。新数学侧重测量谷仓的体积、大地上沙砾的数目以及地球与最遥远的星星之间的距离，经典数学却对此不屑一顾。新数学可以使人远渡重洋、游历天下，经典数学则要求人静坐不动，用心智去探究非实体的抽象哲理。

亚历山大里亚的伟大数学家包括埃拉托塞尼、阿基米德、喜帕恰斯、托勒密、梅涅劳斯、丢番图、帕波斯在内，几乎毫无例外地显示了希腊人在抽象理论方面的天赋，但也都乐意将其应用在实际问题上。

亚历山大里亚时期的希腊人在数学的发展方面起到的作用几乎是不可估量的。在这一时期，数学这门学科分为算术、几何、力学、天文学、光学、测地学、声学与应用算术。比如，阿波罗尼奥斯的巨著《圆锥曲线论》、阿基米德关于数学和力学的一流著作、托勒密的《天文学大成》。

阿波罗尼奥斯，师从欧几里得。他作为几何大师和天文学家而闻名，其最著名的著作是《圆锥曲线论》。和《几何原本》一样，它也是一部条理清晰且逻辑性很强的杰作。事实上，对于后来的数学家来说，阿波罗尼奥斯是第一个对圆锥曲线进行彻底和全面研究的人。他所引进的用于描述这些曲线的术语，基本上就是现在这个学科所用的术语：椭圆、抛物线和双曲线。阿波罗尼奥斯在命题中证明了根据给定的数据如切线、焦点性质和截锥体等对曲线的构造。

亚历山大里亚时期最伟大的科学家是阿基米德。在阿基米德的科学发现中，最著名的也许要数以他的名字命名的阿基米德定律即浮力定律了。阿基米德可以说是西方实验科学的第一人。阿基米德所发现的这个定律，是最早的具有普遍性的科学定律之一。他将这个定律与其他内容一起，写进了他的《论浮体》一书中。他的研究涵盖了力学的不同学科，他把数学推理与力学推理结合在一起。他提出了关于杠杆的原理，并且创立了流体静力学。他强调，证明必遵从欧几里得的演绎模式。

阿基米德还是一位伟大的数学家，他的工作是建立在欧几里得的工作的基础上的。阿基米德提出面是由线段构造的，这个构想有积分的影子。他还有这样一些发现，诸如截锥体和柱楔的体积、半圆形的重心、球体的重心以及抛物面的重心。对他来说，最引以为傲的是自己在理论方面的成就。他要求，死后在他的墓碑上雕刻一个球，使它外切一个圆柱体，其体积之比值为 2:3。这块墓碑记录了他的一个重要发现：圆柱体内切球的体积与该圆柱体的体积之比为 2:3，而且球的表面积与该圆柱体的表面积之比也是 2:3。后来罗马人为了表示误杀阿基米德的歉意，专门为阿基米德修筑了一座精致的坟墓，并在墓碑上刻下了上述著名定理。如今，数学菲尔兹奖章上刻的就是阿基米德像。

新希腊人的代表是埃拉托塞尼，曾担任过亚历山大博物馆馆长。他改进了历法，以 365 天为一年，每 4 年增加一天，这个历法后来为罗马人所采用，并一直流传至今。

从历史角度看，如果说亚里士多德是"希腊"文明的杰出代表，那么托勒密则是"希腊化"文明的杰出代表。希腊文明在希腊人统治地中海地区时期以希腊本土为中心。它发展起来的科学在方法上以定性方法为主导，在倾向上以宇宙论为主导。亚里士多德是希腊文明最伟大的代表，也是最后一位代表。

亚里士多德的天球是与地球同心的，而托勒密的天球则是偏心和带有本轮的。亚里士多德的体系正是稍早前最重要的同心天球体系之一，而以地球为中心的同心天球无法解释所观测到的行星距离的变化。在《天文学大成》中，托勒密用偏心圆和附加的本轮来解释这些变化，从而修正了同心天球体系的根本缺陷。托勒密在《天文学大成》中使用的几何方法仅仅是为了解释行星的位置，并没有被人们认为是对物理世界的真实刻画。

托勒密的天文学工作侧重于他从喜帕恰斯那里学到的数值／几何分析。正是作为一个致力于用数学手段来"拯救现象"的研究天界的数学家，托勒密影响了中世纪和文艺复兴时期。托勒密理论的伟大意义在于，它证明了数学演绎在解释经验观测现象中的巨大威力。托勒密的《天文学大成》浓缩了古代天文学最伟大的成就，是第一部为所有天体运动提供完整、详尽和定量解释的系统的数理论著。

托勒密的科学天赋不仅限于天文学，他还写出了光学、地理学、球极投影等方面的专业著作，甚至写出了古代最伟大的占星著作《占星四书》。

托勒密在希腊化时期行将结束之时，使行星天文学达到了欧多克斯500年前无法想象的数学水平。托勒密的模型与欧多克斯的模型拥有共同的几何目标，那就是用匀速圆周运动的某种组合来解释行星的视运动。亚里士多德和托勒密象征着天文学事业的两极 —— 亚里士多德特别关注因果问题和宇宙物理学，托勒密则是技艺精湛的数学模型的建立者。

　　几百年后，托勒密的书流传到阿拉伯世界，其博大精深令阿拉伯天文学家深深叹服，并称其为"伟大之至"，这就是后世逐渐把这本书称为《天文学大成》的原因。

四

数学家之死：希腊文明的衰落

古希腊数学与古希腊哲学是希腊文明的支柱，也是现代科学的源头。古希腊数学与古希腊哲学是一对双生子，它们交相呼应、彼此影响，正是古希腊数学使得古希腊哲学充满理性化倾向。

希腊化时期有三大哲学流派，即伊壁鸠鲁学派、斯多葛学派和怀疑学派。伊壁鸠鲁学派为了寻求"达到生活宁静的良方"，摆脱对自然异象的恐惧，继承和发展了德谟克利特的原子论，提出原子不仅做直线运动，还做偏离运动，并提出"重量"的概念，认为原子不仅有形状、排序、位置的差异，还有重量的差异。这三大学派的共同点是不关注世界的本源，转而关注人生如何获得幸福。伊壁鸠鲁学派主张"快乐即幸福"，属于纵欲主义。斯多葛学派主张"美德即幸福"，属于禁欲主义。而怀疑学派则主张"不做任何决定，悬置判断"。古希腊怀疑学派代表人物皮浪有一次在海上遇到风险，众人惊慌失措，他却指着船上一头安然吃东西的猪说："聪明人应该像猪一样遇事无动于衷、随遇而安。"瞬间，一股堕落的气息扑面而来。

对于伊壁鸠鲁和其追随者来说，物理学和自然科学都从属于伦理学。

科学的目标是为驱走迷信有害的影响而给实在描绘出一幅清晰和易于理解的图景。按照伊壁鸠鲁的观点，宇宙是由原子和真空构成的。物质本身是由不可见的原子构成的，原子中完全没有真空，并具有三种属性：大小、形状和重量。

亚历山大大帝去世后，古埃及开始由托勒密一世统治。他深知，伟大的希腊学派，诸如毕达哥拉斯、柏拉图和亚里士多德所创立的学派，对西方文化具有重要意义。因此，他建立了一座图书馆，这就是著名的亚历山大图书馆。

罗马人活跃于历史舞台上的时期，差不多和希腊文明繁荣时期一样。但在这 100 多个世纪中，没有出现过一个罗马数学家。"数学"一词在罗马人那里的名声是不好的，因为他们称占星术士为数学家，而占星术是罗马君王所禁止的。罗马人较为务实，他们只讲究实用的东西。

公元前 48 年，罗马统治者凯撒大帝指使军队纵火焚毁了停泊在亚历山大的古埃及舰队，大火延及该城，殃及亚历山大图书馆，使古埃及文明的大量藏书典籍和古埃及史方面的著作以及五十万份手稿付之一炬。这是人类文明史上的悲惨事件。

希帕蒂娅是世界上第一位女数学家，也是亚历山大里亚学派最后一位数学家。由于她拒绝放弃希腊宗教，受到一群狂热的基督暴徒的追击，最后在亚历山大里亚大街上被他们活活肢解了。希帕蒂娅之死，意味着希腊思想的终结。就这样，基督徒们亲手熄灭了希腊文明之火，他们要在千年的黑暗时光中等待，才能真正迎来自己文化的复兴。

公元 395 年，罗马帝国被分裂为东、西两部分。东罗马帝国的首都君士坦丁堡是在希腊古城拜占庭的基础上建立起来的，因此通常称东罗马帝国为拜占庭帝国。拜占庭数学是拜占庭文化的一个组成部分，其主要贡献是把希腊数学遗产（如欧几里得、阿基米德、阿波罗尼奥斯和丢番图等数学家的著作及他们整理、注释等数学成果）保存下来并传给世界和西欧，为近代数学的诞生做出了奠基性的贡献。

从数学史的观点看，基督教兴起所造成的后果对数学是不利的。虽然基督教吸收了希腊人和东方的观念，以使基督教易于为新改宗的人所接受，但他们却嘲笑数学、天文学和物理学。同时，基督教还禁止研习希腊学术这个异教徒的学问。公元 529 年，东罗马帝国查士丁尼勒令关闭雅典著名的柏拉图学园，严禁研究与传播数学，使数学再次受到沉重打击。同年，《查士丁尼法典》中还把数学家与罪犯等同起来，并取缔了数学。紧接着，被征服的希腊等地区的科学家遭到了奴隶般的驱使，从精神上失去了对科学的热情，有的被害，有的逃亡。从此，拜占庭走向了衰落。

古希腊文明被罗马人和伊斯兰教徒的征服所摧毁，随着它的终结，欧洲进入了中世纪。到了 1261 年，随着拜占庭的复国成功，科学活动逐渐恢复。拜占庭帝国的科学家们在古典数学方面的译注，成为中世纪拉丁世界的范本；他们将古希腊数学著作保存下来并传入欧洲，对数学的发展起了很大作用。最终，延续了 1000 多年的拜占庭帝国于 15 世纪后灭亡。

神学原本：新柏拉图主义

　　希腊化时期的一个重要成果是新柏拉图主义的产生。新柏拉图主义是希腊化时期最重要的哲学流派，它对西方中世纪的基督教神学产生了重大影响。该学派的创始人是普罗提诺，他将柏拉图的客观唯心主义哲学、基督教神学观念与东方神秘主义等思想熔于一炉。普罗提诺主张，柏拉图与亚里士多德的学说之间无本质区别，因此认为自己的使命是将两者的思想纳入同一个体系。和柏拉图一样，普罗提诺也将较低的感觉世界与较高的精神世界对立起来，认为完美的存在只属于后一领域。然而，他并未局限于这一对立。他认为感觉世界与精神源自同一个初始本源，即所谓的"太一"。普罗提诺的形而上学是从神圣的三位一体，即太一、理智与灵魂开始的。和基督教的三位一体一样，这三者并不是平等的。太一是至高无上的，其次是理智，最后是灵魂。它的特点在于：建构了超自然的世界图式，更明确地规定了人在其中的位置，把人神关系置于道德修养的核心，强化了哲学和宗教的同盟，具有更浓厚的神秘主义色彩。新柏拉图主义是基督教在西方思想领域占据统治地位前的最后一派"异教"思想，也标志着希腊哲学的终结。

新柏拉图主义的数学要素非常强。新柏拉图主义的最后一位代表人物是希腊哲学家、天文学家、数学家、数学史家普罗克洛斯，他在数学上主要的贡献是写出了《欧几里得〈几何原本〉卷Ⅰ注释》，书中指出数学与哲学的关系及在哲学上的应用，这是最早的数学哲学文献。

在数百年的时间里，希腊思想完全是通过新柏拉图主义流传到欧洲的。因此，新柏拉图主义的哲学思想成为基督教神学的一个重要来源。正是基于新柏拉图主义哲学思想的影响，文艺复兴时期才开创了一个足以影响世界的伟大时代。

科学的义父：阿拉伯人的火炬传递

　　希腊文化遗产的保存和向亚洲的东传，始于亚历山大大帝在公元前325年征服亚洲到公元7世纪建立伊斯兰教，前后延续将近1000年。公元570年，穆罕默德出生在麦加，从此诞生了伊斯兰教。穆罕默德把天使加百列向他传达的一系列启示内容口授给他的门徒，被门徒们一一记录下来，便形成了伊斯兰教的圣书《古兰经》。公元632年，穆罕默德逝世。其继承者利用25年的时间使伊斯兰征服了亚历山大大帝在亚洲和北非的全部领土，包括叙利亚、巴勒斯坦、古埃及和波斯。古代中国人称阿拉伯为"天方"，因而阿拉伯的文学经典、著名的《一千零一夜》就被称为"天方夜谈"。公元7世纪时，欧洲基督教世界的经济水平仅能维持生计，由于天主教教会从一开始就敌视科学，当时的科学活动已经普遍停止，欧洲进入了黑暗时期。正是这个时期，阿拉伯人登上了西方科学发展的历史舞台。阿拉伯人从半岛出发向北征服新月地带以后，便使希腊的文化遗产成为他们最宝贵的财富。而欧洲人所能做的，就是在黑暗中等待。

　　7世纪中期以后，穆斯林世界扩张成环地中海的庞大帝国，继承了基督教世界遗失的手稿和传统。此时，希腊文化成为阿拉伯世界外来文化影响中最重要的因素。阿拉伯人大量翻译希腊学术著作，这一现象始于地中海的叙利亚。当时希腊科学家和哲学家的著作，不下 100 种。当欧洲完全不知道希腊的思想和科学之际，这些著作的翻译工作就已经被阿拉伯人完成了。自公元 750 年以来，阿拉伯帝国的阿拔斯王朝的翻译工作持续了 100 年。与此同时，阿拔斯王朝的首都巴格达成为世界的数学和科学中心。在阿拔斯王朝这个漫长而有效的翻译时代之后，便是一个在科学方面具有独创性的年代，阿拉伯人不仅消化了波斯、印度的各种学问和希腊的古典遗产，而且让它们适合于自己的需要和思想方法。

公元 830 年，崇尚理性的哈里发麦蒙在巴格达创立了智慧宫，这是一个集图书馆、科学院和翻译局于一体的联合机构 —— 智慧宫。从各方面来看，它是亚历山大图书馆建立以来最重要的学术机构。欧几里得的《几何原本》、托勒密的《天文学大成》、柏拉图的《理想国》等大多经典都是在这个时期被译成阿拉伯文的。穆斯林学者首先将原始希腊文本的叙利亚版本译成阿拉伯文而复原了古代科学，然后又增加了完全属于他们自己的成就。他们在数学、化学和光学等方面都做出了独创性和基础性的成就，最著名的是阿拉伯数字。

阿拉伯人对数学的偏好，使数学领域本身获得了一些重要的进步。印度的符号体系，用不同的符号表示从 1 到 9 的每一个数字的准则也渗透到阿拉伯的教科书中。阿拉伯人接受了印度的数和处理无理数的方法，却拒绝了负数。对于阿拉伯人来说，最著名的大概是他们的代数。

所谓阿拉伯数字，就是我们熟悉的 0，1，2，3，4，5，6，7，8，9 这 10 个数字及其组合表示的十进制数字书写体系。阿拉伯数字也被称为印度 - 阿拉伯数系，因为它是由印度人发明的，经阿拉伯人改造后传到西方。

印度对世界数学发展影响最大的一项成就是，它最先用了现在世界通用的数码及记数方法，被誉为通用数码的始祖。大约在公元 5 世纪，印度数码中零的符号日益明确，并产生了十进制的位值制数码。唐朝初年（公元 8 世纪），印度数码传入中国。公元 718 年，中国唐代的一位天文学家瞿昙悉达（祖籍是印度）编辑的《开元占经》内录有中古印度历法《天竺九执历经》，其中就有印度数码和位值制。但当时我国已有自己的数码，便没有采用它。后来，印度数码通过贸易、佛教以及外国的入侵，逐渐传到了阿拉伯，并在阿拉伯人的加工改造下，最终形成了我们熟悉的阿拉伯数字。

公元 8 世纪，阿拉伯诞生了最有影响力的数学家和天文学家花拉子密。他是伊斯兰教历史上最伟大的科学家之一，《代数学》正是以他的著作名称命名的。他对数学的贡献之大，在中世纪几乎无人可比。花拉子密的著作《印度的计算术》（又译为《印度数字算法》）中，用阿拉伯文叙述了十进制记数法及其运算法则，特别提出数字 0 在其中的应用及其乘法性质。这是第一部用阿拉伯文介绍印度数码及记数法的著作，被后人称为"印度 - 阿拉伯数码"。

印度 - 阿拉伯数码用较少的符号表示一切数和运算，给数学的发展带来很大的方便，是一项卓越伟大的贡献。法国数学家拉普拉斯写道："用十个记号来表示一切的数，每个记号不但有绝对的值，而且有位置的值，这种巧妙的方法出自印度。这是一个完整而又重要的思想，它在今天看来如此简单，以致我们忽视了它的真正伟绩，简直无法估计它的奇妙程度。"

从有限的角度来看，伊斯兰文明之所以重要，主要是因为它为后来的欧洲学者保存和扩充了古希腊科学的记载。首批译自阿拉伯语的拉丁文译著在 10 世纪完成，随后几个世纪译著的数量迅速增长。

随着中世纪的结束，欧洲出现了复苏迹象。欧洲的生活节奏从 10 世纪开始慢慢变快，直至在著名的 12 世纪复兴中达到顶峰。在 12 世纪，大量被销毁或遗失的希腊数学名著由阿拉伯文翻译成了拉丁文，因此这一时期被称为数学史上的"翻译世纪"。1110 年前后，欧洲人通过贸易和旅游开始与地中海及近东的阿拉伯和拜占庭人接触。基督教世界最早就是从阿拉伯人那里重新获得古代学术的，而且多得自阿拉伯语译文。

12 世纪，欧洲人开始将大量的阿拉伯文数学书籍译成拉丁文。意大利数学家斐波那契所著《算盘全书》（1202）开篇就怀着喜悦的心情将印度 - 阿拉伯数码介绍给欧洲，这是阿拉伯数字传入欧洲的里程碑。欧洲人只知道这些数码是从阿拉伯传来的，所以称之为阿拉伯数码。

欧几里得的《几何原本》和狄奥多修斯的《球面几何》被英国人翻译成拉丁文。这一时期最著名的翻译家是意大利人杰拉德，他将 90 多部阿拉伯文著作翻译成拉丁文，包括托勒密的《天文学大成》、阿波罗尼奥斯的《圆锥曲线论》和阿基米德的《圆的度量》。

与此同时，阿拉伯和印度的数学和天文学成就被介绍到西方，著名的有花拉子密的《代数学》、巴塔尼的《萨比历数书》。1140 年，《代数学》被英国人罗伯特译成拉丁文，后来作为标准的数学课本在欧洲被使用了几个世纪，这直接促成了 16 世纪意大利代数方程求解的革命性突破。在天文学方面，欧洲各国语言中至今仍有相当多的专业词汇来自阿拉伯语，包括大多数的星宿名字，如金牛、天琴、猎户和大熊等。

11 世纪后期，来自欧洲各地的学生开始集中起来组成非正式的团体听老师朗读和评论新翻译的古代文本，且参加人数稳步增加。到了 12、13 世纪，这些最初非正式的团体规模变得十分庞大，需要统治者发给特许状并制定规章制度，从而正式转变为大学，这是西方独创的一种组织。很快，这些大学就从作为口头传授古代学术的中心变成欧洲学术中一种原创传统的发源地，经院哲学由此产生。

古代天文学的再度发现，是对古代世界科学与哲学更大范围的再回收的一部分。托勒密的《天文学大成》和亚里士多德的大部分天文学、物理学著作在 12 世纪被拉丁化，在 13 世纪慢慢被融入中世纪大学的课程中。15 世纪末，哥白尼学习了这些著作，向这些古代科学经典的回归使他成为亚里士多德和托勒密的继承人。

假如没有阿拉伯文明在科学文化的传承和翻译时代所扮演的重要角色，西方文明的进程就会是另一番景象。幸运的是，从毕达哥拉斯到花拉子密的 1300 多年间积聚起来的人类理性的智慧之光被保存并传播到了西方。

第四章

中世纪神学与近代科学

中世纪的神学与科学：理性的注入

中世纪开始于公元 476 年的西罗马帝国的灭亡，约结束于 15 世纪。这 1000 年的历史大致可分为两个时期：11 世纪之前常被称为黑暗时期，这一时期的西欧在基督教神学和形而上学的教条统治下，人们失去了思想自由。15 世纪开始的文艺复兴到 17 世纪发生的科学革命，从根本上动摇了神学世界观的基础，摧毁了封建制度的精神支柱，解放了人们的思想，使欧洲人后来居上，在科学技术、文化等方面跃至世界前列。

基督教作为世界三大宗教之一，是西方文明之源 —— 两希文明，即希伯来文明和希腊文明的结晶。它构成了西方社会 2000 年的文化传统和特色，而西方文化则被人们习惯性地称为"基督教文化"或"基督教文明"。

基督教诞生于罗马帝国，一开始是穷苦人民的宗教，因而受到罗马统治者的残酷迫害。罗马帝国在公元 4 世纪开始四分五裂，公元 400 年前夕把基督教作为主导宗教。公元 5 世纪，日耳曼部落大举入侵，使西罗马帝国奄奄一息。随着古代时期的终结，中世纪时期开始。《新旧约全书》是用希腊文书写的，因此基督教从一开始就带有两希文明的痕迹。

基督教在产生和形成的过程中，深受当时流行的古希腊思想文化的影响。从作为世界宗教而诞生的那一刻起，基督教中就被注入了希腊理性。在创建和确立基督教思想体系的历史时期，毕达哥拉斯、苏格拉底、柏拉图和斯多葛学派哲学家的思想学说曾起过非常重要的作用。

毕达哥拉斯强调"灵魂轮回"说和数字神秘主义。他认为"灵魂"不朽，可以转变为别种生物；凡是存在的事物，都要在某种循环里再生。因此，他主张应形成一种从道德纯化及灵魂得救着眼的生活规律。在对"数"的认识上，他指出"万物皆数"，从而构成了具有抽象推理之哲学意义的数字主义。正如罗素所言："有一个只能显示于理智而不能显示于感官的永恒世界，全部的这一观念都是从毕达哥拉斯那里得来的。如果不是他，基督徒便不会认为基督就是道；如果不是他，神学家就不会追求上帝存在与灵魂不朽的逻辑证明。"

苏格拉底哲学对基督教的影响主要在于他关于知识和善关系的学说。苏格拉底认为真正的知识和善有着关联，知识即至善；人达到善乃通过清晰明确的思维，而无知只会产生邪恶。人因具有理性而分享了神的智慧，因为神乃智慧本身。人的灵魂一旦脱离了肉体，就能与神合一，达到不朽。

柏拉图哲学则在其理念观、回忆说、灵魂不灭论和世界等级模式诸方面影响着基督教的观念体系。柏拉图认为，人通过感官和知觉过程形成的对一般真理的认识，实质上不过是回忆灵魂在前世的经历；一切知识都是回忆，一切学问也都是一种重新觉醒。这就是说，灵魂在同肉体结合之前就已存在，它可以直观理念世界，获得理念的知识，即真知。

柏拉图在其哲学中所阐述的神之单一性与永恒性，以及神之至善观念和灵魂得救观念等，后来都成为基督教神学理论的论据。早期基督教思想家把柏拉图称为"说希腊话的摩西"或"犹太化的哲学家"。

第一位接受基督教的异教哲学家查士丁认为希腊哲学就是为基督教准备的，基督教哲学高于希腊哲学，基督是上帝的道成肉身，是最伟大的哲学家。

公元 3—5 世纪，早期的基督教教父们为了使基督教更具吸引力且内容更充实，开始将《圣经》教义与古希腊哲学融合在一起，其中古希腊的柏拉图思想对他们最具吸引力。基督教认为神是唯一永恒的、绝对存在和不可见的、是世界万物的创造者。神在本性上不可理解，即使通过灵魂的静观，也只能知道他存在而不能表达其本质。理念世界是神与世界的中介，通过这个中介，神创造了可感世界并向他启示了自己。就这样，柏拉图主义与基督教哲学的主要思想相结合，产生了新柏拉图主义。生活于公元205—270 年的哲学家普罗提诺是最重要的新柏拉图主义者。普罗提诺对柏拉图思想的形而上学学说做了最全面和最合乎逻辑的介绍，其论述是以生命的精神等级为基础的。他把柏拉图的太一或善完全解释成先验的实在"一"，并认为是完美和自足的。天地万物，无论是精神的还是物质的，都是太一自省的副产品。精神是真正的实在，灵魂是宇宙的生命。新柏拉图主义中的毕达哥拉斯要素极强，所以新柏拉图主义也被称为数学的柏拉图主义。早期的基督教神学虽然受柏拉图的影响很深，但是更注重柏拉图主义中的神秘性。

这种根据《圣经》和利用新柏拉图主义建立的哲学，一般称为"教父哲学"。教父们在传教过程中，并不会对科学研究和科学思想进行压制。

基督教的"护教学"认为，希腊哲学中发展起来的逻辑工具是必不可少的。柏拉图哲学的某些方面似乎与基督教教义关联得很好，如柏拉图所著《蒂迈欧篇》中的巨匠造物主看起来像是基督教的造物主 —— 上帝。

中世纪早期最具影响力的教父奥古斯丁对理性在基督教信仰中所扮演的角色做了严格系统的阐述。与他以前的基督徒不同，奥古斯丁利用希腊哲学尤其是柏拉图哲学和普罗提诺哲学来补充和丰富他的信仰。新柏拉图主义把精神的东西看作是实在的。因此，我们在奥古斯丁那里遇到了基督教的新概念：处于中心的人类、作为线性发展的历史、一个从虚无中创造出宇宙的位格化上帝。这些概念与古代哲学结合在一起。奥古斯丁认为人是万物的中心，因为上帝是为了人而创造万物的，因为按照上帝模样而创造，注定将得到拯救的人是造物之灵。他在中世纪的影响仅次于《圣经》的影响。

和柏拉图一样，奥古斯丁强调精神存在的绝对实在性，这与物质世界不断变化的不确定性形成了对照。对于奥古斯丁来说，知识的本质是永恒的真理，最终要归结于上帝。作为上帝的映像的人类灵魂可以认识它自己，因此它自己的自我认识是对神之光的一种反射。所有真理，无论是科学的还是宗教的，都来自上帝。奥古斯丁只是因为科学能够提供一些原则，从而可以达到所有认识的最终目标即上帝，才对科学感兴趣。

在整个中世纪和文艺复兴的大部分时期，天主教会都是统治全欧洲的思想权威。总的来看，教会的影响是反科学的。对他们来说，科学是世俗的学问。《圣经》对于基督徒具有法律效力。奥古斯丁说："人们从《圣经》之外获得的任何知识，如果它是有害的，就应该被抛弃；如果它是有益的，它就包含在《圣经》里了。"因此，人们为了获得应该掌握的所有知识，就只需读《圣经》和基督教早期创始者的著作。

没有人真正观察过自然界，因为没有这个必要。奥古斯丁在他的《小教理问答》也就是基督徒手册中，向信徒们做出了如下忠告："当被问及关于宗教我们相信什么东西时，没有必要去探求事物的本性，而这种对本性的探求被希腊人称为自然哲学。"奥古斯丁排斥新柏拉图主义中的数学元素，他说："好的基督徒应该提防数学家和那些空头许诺的人，这样的危险已经存在，数学家们已经与魔鬼签订了协约，要使精神进入黑暗，把人投入地狱。"

数学的柏拉图主义复兴要等到文艺复兴时期。当时人们虽然相信整个自然界都为人类服务，但是人类的存在却仅仅是为了死后复归上帝。尽管科学在中世纪晚期的思想中起了相当大的作用，但是占据支配地位的思想力量仍然是神学上的。新柏拉图主义的产生带有宗教神秘色彩，在理论上对早期基督教的教义起到了指导与推进作用，促进了基督教神学的进一步发展。亚里士多德的思想在中世纪被吸收后成为"经院哲学"的正宗思想，而"经院哲学"与"教父哲学"对近代科学的起源产生了深刻的影响。

理性与信仰的关系：理性是神学的婢女

    基督教的核心问题探讨的是上帝与人之间的关系，"自然"不在这个讨论范围内。基督教在发展初期，一方面需要为自己存在的合法性进行辩护，另一方面需要为自己存在的合理性进行辩护。当罗马帝国被分裂为东、西两个大阵营后，基督教也被分裂为以罗马为中心的天主教和以君士坦丁堡为中心的东正教。基督徒都如饥似渴地吸收古希腊哲学的精华，并把理性作为辩护基督教正统性的强大工具，但是无论理性多么强大，信仰都是第一位的。在中世纪，哲学和神学是声称导向真实洞见的学问的两个主要分支。理性与信仰的关系成为贯穿中世纪的一条主线，正是这条主线为文艺复兴后自然科学的出现奠定了基础。

    随着基督教的兴起，认识论问题的领域得以拓宽。除了早先我们能够认识什么等问题之外，关于宗教信仰和世俗智慧之间的关系、基督教启示和希腊思想之间的关系的问题也被基督教神学提了出来。有些基督徒认为《圣经》信仰和希腊思想在本质上是不同的东西，因此不应该借助哲学和理性来对基督教信仰进行辩护和理解。德尔图良是反对理性哲学的极端代表，其最著名的反理性观点是"因为荒谬，所以信仰"。理性和信仰是存在矛盾的，理性无法穷尽信仰的对象。德尔图良举例说：上帝的儿子基督死了，这是荒谬的，但我们都相信这是个事实；基督又复活了，这是不可能的，我们仍相信这是个事实。也就是说，从理性的角度看，这是荒谬的；但从信仰的角度看，这是可信的。他把理性与信仰的矛盾公开在人们面前，告诉人们信仰是独立于理性的。德尔图良说，人们的理性就像一个杯子里的水，而上帝的智慧就像汪洋大海，如果一个杯子装不下汪洋大海，该受指责的不是汪洋大海，而是这个杯子。我们的理性是有限的，上帝的奥秘是无限的，用有限的理性去指责无限的奥秘一定是荒谬的。这个观点影响深远，得到了 17 世纪的哲学家、数学家帕斯卡的认同。他认为人类永远无法知道上帝的奥秘，所以关于上帝存在的证明是无法用数理公式推导出来的。帕斯卡说，我们要在信仰中认识上帝的存在，在荣耀中认识上帝的本性。如果理性要主张信仰是无意义的，那这个主张就是与信仰无关的。这代表了基督教信仰反理性和超理性的一种极端立场。

2 世纪末或 3 世纪上半叶，还有一些基督教护教士给出一种非常不同的结论，那就是认为可以利用异教的希腊哲学和学术来为基督教服务。古希腊哲学本质上非善非恶，关键要看如何为基督教所用。尽管希腊诗人和哲学家没有从上帝那里获得直接的启示，但他们的确获得了自然理性，故而也在趋向真理。因此，哲学能够为源于启示的基督教智慧做准备，就可以将哲学和科学作为"神学的婢女"，即作为理解《圣经》的辅助手段进行研究。在圣巴西尔的影响下，将希腊学术视为婢女的观念被广泛接受，并成为基督教对待世俗学问的标准态度。

显然，婢女理论是对完全抛弃和完全接受传统异教学术的一种折中。通过谨慎地接触世俗学问，基督徒能够利用希腊哲学，特别是形而上学来更好地理解和诠释《圣经》。此外，他们的日常生活也要求使用天文学、数学等世俗科学。

尽管基督徒认为科学可以充当婢女，但他们主要关注的却并非科学本身。然而，他们需要更好地理解《圣经》，需要了解并说明《创世记》中的主要内容，因此也就需要学习一些有关自然哲学和科学的知识。例如，在解释"起初，上帝创造天地"时，教父们要考虑这样一些问题：创世是同时发生的还是按时间顺序发生的？天是否先于地被创造等，这些问题的结论最后都会统归于强调上帝对自然的非凡设计。对创世内容的解释最为卓越和最有影响力的是奥古斯丁。

奥古斯丁对新柏拉图主义和基督教信仰进行了综合。信仰先于理性，高于真理，没有信仰就谈不上理性。从基督生命和《圣经》中得到的启示，则代表了上帝之存在和上帝之计划向人的宣示。基督徒之所以能看见其中源头的那道光，是因为有信仰存在。就这样，信仰在最高处获得了对于世俗智慧的认识论的优先性，同时也使世俗智慧豁然开朗。信仰的优先性是指只有借助信仰，思想才有可能，所以奥古斯丁强调："为了理解我们才信仰！"

基督教对待异教哲学的态度，受到了希腊教父们的巨大影响。有些教父担心科学和哲学会对信仰产生潜在的颠覆效应，因而对它们既充满敌意又犹豫不决。这种两难态度在奥古斯丁那里表现得非常有代表性，他既提倡研究"自由七艺"，包括传统的希腊数学"四艺"——算术、几何、音乐、天文，同时也怀疑天文学会把天文学家引向占星学的决定论，而这是教父们最强烈反对的。奥古斯丁对待世俗学问的矛盾心理反映在他于 426 年即去世前所写的《再思录》中，他对自己曾经强调研究七艺表示遗憾，并认为理论科学和机械技艺对基督徒和神学毫无用处。

尽管早期的基督教学者认为科学和自然研究服从于宗教的需要，但他们也经常显示出对自然的兴趣，这种兴趣超越了通常赋予自然研究的单纯的婢女地位。到了中世纪晚期，从神学家对待自然哲学的态度就可以明显看出，婢女理论最后差不多成了套话。神学家在思想上有很大自由，他们很少会让神学妨碍自己对物理世界的探究。由此可知，西方基督教有利用异教思想为自己服务的长期传统。西方对科学和自然哲学的看法，最终使得婢女观念被舍弃。

理性证明上帝：神学与科学的双重真理

在科学史上，大部分时间的问题都不在于科学是否充当了婢女，而在于科学为哪一位主人服务。西方整个中世纪的主要脉络，就是以柏拉图主义为基础的教父哲学和以亚里士多德主义为基础的经院哲学。中世纪后期，理性开始取代信仰成为基督教神学的主要支柱，这一进步是大量希腊手稿从阿拉伯文翻译成拉丁文的结果。中世纪的大学为希腊学术的复兴提供了制度保障，大学中包括神学院、法学院、医学院和艺学院。欧洲人在艺学院中学习"自由七艺"，即七种人文学科，包括文法、修辞、辩证法、算术、几何、天文、音乐，这些都是大学的基础教育。从作为口头传授古代学术的中心开始，这些大学很快就变成欧洲学术中经院哲学的发源地。11世纪，经院哲学崛起。到了13世纪，经院哲学达到高峰。经院哲学认为，世界渗透着理性，世界上的每一种事物都是上帝的理性范畴的样本。上帝是一个理性的上帝，一个有条不紊、秩序井然的上帝。社会存在着一种以人为中心的共同的基督教文化。但值得指出的是，人被看作社会的组成部分，并且以上帝作为其存在的理由。多数经院哲学家认为，对上帝的存在是有可能作出理性证明的。他们的目的是要证明感觉经验指向其自身之外，指向我们可以称为上帝的东西。

奥古斯丁曾告诫基督徒，要借鉴异教文献中那些真实有用的东西。几乎所有神学家从事神学研究之前都曾在艺学院学习过哲学，而且一些神学家为了谋生常常会在艺学院兼职任教。因此，中世纪一些最有影响力的哲学论著都是由那些在研究神学的同时还要讲授哲学的学者写成的。这些神学家和哲学家主要学习的是亚里士多德的自然哲学。正是亚里士多德主义使经院哲学得到复兴，其理性精神渗透到经院哲学体系中。至此，经院哲学的逻辑化、形式化达到完备状态，其中的思辨能力也为后来的自然科学的发展埋下了伏笔。

亚里士多德的宇宙观和哲学体系在 13 世纪占据了中心地位，并且逐渐取代了柏拉图和中世纪早期的宇宙观。实际上，柏拉图和亚里士多德对许多实质性东西的观点是完全一致的。和柏拉图主义者一样，亚里士多德主义者也把宇宙设想为一个巨大的球体，天在外围，地在中心。也就是说，两个学派的人对宇宙的独一无二性都深信不疑。亚里士多德把天的运动归因于一组"不动的推动者"，"不动的推动者"是目的因而非动力因。在中世纪的基督教世界里，最外层运动天球的"不动的推动者"通常被等同于基督教的上帝。

亚里士多德学派研究自然的方法在中世纪和文艺复兴时期之所以能占统治地位，是因为亚里士多德的著作包罗万象、传播更广。更重要的是因为亚里士多德学派构造的世界万物运行的所有现象都由四种原因引起：质料因、形式因、作用因和目的因。其中目的因是最重要的，而与

数学相关的形式因只居于次要地位。亚里士多德的目的因理论为天主教
神学所采纳和支持。

11、12 世纪的经院哲学与以往的教父哲学的不同之处，在于神学
家运用哲学方法的彻底性。神学家中的新派人物倾向于提升理性的地
位，把哲学从神学之婢女的地位提升到与神学并列的地位。教父哲学
是超理性的信仰，甚至是反理性的信仰，而理性是不能论证信仰的。
经院哲学之父安瑟尔谟企图综合理性和信仰，并基于理性证明上帝的
存在。他提出我们是"因为信仰而理解"，即先信仰后理解，但信仰之
后要寻求理解。安瑟尔谟是意大利人，英国著名的坎特伯雷大主教，是
实在论最早的重要代表，被称为"最后一位教父和第一个经院哲学家"。
安瑟尔谟是欧洲哲学史上第一个提出著名的关于上帝存在的本体论证明
的人。他断言，一个你想象中最伟大的本体是存在的，既然人们心中已
经确认没有一个东西比这个本体更伟大、更完善，那么最高本体就确实
存在，即上帝是存在的。很明显，在他的这个论证中，信仰是最基本的
前提。

乍一看这个论证似乎并非特别大胆，但事实上却很危险，倘若理性
能够证明神学断言，那么理性大概也可以否证它们。如果理性得出的是
"正确"答案倒不成问题，但如果把理性当作真理的仲裁者，而后却发现
理性与神学相对立，那该如何是好？

尽管西方的科学和自然哲学是从希腊人和阿拉伯人那里获得的，但
以亚里士多德的逻辑和自然哲学为中心的新学术机构 —— 大学却是西方
独创的，也是中世纪最持久的体制遗产之一。教会教义与亚里士多德自

然学著作的思想存在着严重冲突。在教会和神学家看来，13世纪被引入拉丁世界的亚里士多德著作有潜在的威胁。然而事实是，亚里士多德的著作受到热烈欢迎，而且广受艺学院教师和神学家的尊崇。由于哲学几乎完全基于亚里士多德的著作，艺学院的教师们大都视自己为亚里士多德的继承者，认为亚里士多德就是理性分析的化身。实际上，亚里士多德所代表的希腊思想与《圣经》在许多方面存在根本性差异。其中最大的差异就是，希腊人认为宇宙是永恒存在的，无始无终，而基督教信奉创世思想。这也是最难调和的一个矛盾。《圣经》中的第一句话就是："太初，上帝创造了天与地。"

亚里士多德宇宙的一个显著特征是它的永恒性，亚里士多德在各种著作中提出各种论证为之辩护。由于这种主张与创世教义有关，很难被阅读亚里士多德著作的基督徒忽视。亚里士多德的观点是，宇宙既不是生成的，也不会毁灭。然而从基督徒的角度看，这是一个不可容忍的结论。

当然，最根本的乃是理性与信仰之间的冲突。理性是哲学分析的模式，它经常被认为与理论科学有相同的范围。艺学院的教师们统治着理性领域，从而也统治着哲学领域。但神学家们拥有左右启示的力量，在一个由宗教意识形态统治的社会中，他们能够占据上风也就不难理解了。13世纪的神学家大都确信，启示高于一切形式的知识，因而赞同世俗学问是神学的婢女这一传统学说。可见，信仰完全指导和支配着理性。

神学家虽然也对自然哲学非常感兴趣，但大都认为哲学是一门与神学迥异的学科，所以一般会将其置于从属地位。在13世纪，即亚里士多德自然哲学被西欧接受的第一个世纪，哲学与神学之间不可避免地产生了争论，主要集中在三个议题上：一是世界的永恒性；二是双重真理说；三是上帝的绝对权能。世界的永恒性议题是，亚里士多德认为整个世界并非被生成的，也不能被毁灭，而是独一无二且永恒的，没有开端也没有终结。亚里士多德的自然哲学以世界的永恒性为基础，《创世记》中的创世论述构成了严重威胁。双重真理说是由于神学与哲学之间的冲突给人造成一种印象，即存在着两种真理：一种是自然哲学的真理，另一种是信仰的真理。这是一种临时的妥协。第三个议题是对上帝绝对权能的限制，亚里士多德著作中的许多命题和结论都表明，某些现象在自然中是不可能发生的。比如亚里士多德曾证明，无论在世界之内还是世界之外都不可能存在虚空，而且除了我们这个世界不可能有其他世界存在。神学家们认为，亚里士多德的这些观点限制了上帝的绝对权能。

哲学家们认为，神学讨论基于传说，了解神学无益于了解其他。他们还认为，世界上唯一有智慧的人是哲学家。教会担心哲学会迅速渗透到神学之中，甚至会占据统治地位。为了调和这种紧张的关系，意大利经院哲学的哲学家托马斯·阿奎那于 13 世纪创立了基督教与亚里士多德主义的一个神学综合。阿奎那努力的结果，就是他的名著《神学大全》。在《神学大全》中，阿奎那极为严格地讨论了亚里士多德哲学所提出的一切问题，这使他超越了奥古斯丁的立场，站在了 13 世纪下半叶神学家自由进步的前沿。

阿奎那不仅给出了基于理性证明上帝存在的五个论证，而且使亚里士多德主义的多数概念重新出现在自己的哲学中，且在基督教框架下重新做了诠释。阿奎那把亚里士多德"基督化"了。亚里士多德的第一因被换成了基督教的上帝，成了我们所谓的"基督教亚里士多德主义"。与此同时，他也将基督教"亚里士多德化"了，把亚里士多德形而上学和自然哲学的主要内容引入了基督教神学。

阿奎那的《神学大全》给出了基督教神学自创建以来最透彻、最全面的解释，这一成果为中世纪后半期基督教神学、哲学奠定了基础。《神学大全》中对材料的组织安排采用理性演绎的方式，使阿奎那赢得了"神学中的欧几里得"的美誉，也被天主教会封为"天使博士"。实际上，阿奎那比任何人都更愿意规定神学与哲学的关系。他认为，神学和哲学都是独立的科学。神学的基本原理是信仰，而哲学的基本原理则基于自然理性。因此，信仰无法为自然理性所证明。既然神学和哲学都是独立的科学，那么研究自然哲学的人是否不应当把自然哲学神学化，研究神学的人也不应当把神学哲学化？阿奎那认为，神学家应当在必要的时候运用逻辑、自然哲学和形而上学。尽管阿奎那不赞同将哲学神学化，尽管他认为哲学从属于神学，但是通过把神学确立为一门独立的科学，他含蓄地承认了哲学作为一门科学的自主性。

亚里士多德哲学和基督教神学虽然在方法上迥异，但却是两条相容的真理之路。哲学运用人的感觉和推理等自然能力，来达到它所能达到的真理；神学则通过启示达到真理，这些真理超出了人对自然的发现和理解能力。这两条道路有时可能会导向不同的真理，但永远不会导向相互矛盾的真理。在始于 13 世纪的哲学与神学的冲突中，神学家一直占据上风。直到 17 世纪，相比于经过证明的理性真理，未经证明的、由启示而来的信仰真理始终具有最高优先性。与此同时，伽利略宣称上帝写了两本书，一本是《圣经》，另一本是自然之书。这是自然哲学向神学宣告平等的宣言书。

中世纪的神学与数学:"雅典与耶路撒冷有何相干?"

中世纪一般被认为是一个"黑暗"的时代,但是这个时代并不像一些人所描绘的那样恐怖。因为,"现代知识"恰恰是在这个"黑暗"的时代孕育出来的。中世纪早期的宗教文化对于科学运动的贡献主要是保存和传播,大学最初只是一种不固定的团体。在中世纪的大学中,自然哲学是一门通过理性、分析和形而上学来进行研究的理论学科。

中世纪的欧洲是两种传统的继承者:第一,信仰基督教就要接受《圣经》,而《圣经》基本上是给人类以启示的万能的造物主的言论,在本质上超越了人类理性的真理;第二,虽然希腊理性主义最初未能被完整地传给西方,但人们很难忽视它。然而,这两种传统常常是相互冲突的。理性有时会受到《圣经》的责备,科学常常对启示表示怀疑。

没有经院哲学的存在,就没有理性科学在欧洲的复兴。经院哲学的实质内容是以理性形式、通过抽象而烦琐的辩证方法来论证基督教信仰的,故为一种思辨性宗教哲学。阿奎那希望通过协调异教学术与基督教神学之间的关系来解决信仰与理性的问题,并反对把哲学和信仰对立起来。阿奎那的《神学大全》无疑将哲学的严格性引入神学争论,可谓向前迈进了一大步。但在传统主义者看来，这似乎严重违反和破坏了哲学与神学的传统区分。最严重的是，它无异于要求耶路撒冷屈服于雅典的权威。基督教早期的一位神父德尔图良曾经问道："雅典与耶路撒冷究竟有什么关系？"

亚里士多德的影响从 12 世纪末开始显现，之后逐渐扩大。到了 13 世纪下半叶，他的形而上学、宇宙论、物理学、气象学、心理学和生物学著作已经成为必须研究的文本。而他的自然哲学著作似乎已经成为艺学院的讲座主题，罗杰·培根便是最早讲授它们的学者之一。

理解并非来自对自然界的观察，而是来自对代表上帝的声音《圣经》的正确学习。教会极力主张其任务就是去寻找这种对上帝意图的领悟，认为真正了解人类的是上帝。一般人难以达到大彻大悟的境界，上帝的行为对某些人来说玄不可测，但是，关于上帝的推理、意义和目的还是能为人们所认识。用理性证明上帝存在的经院哲学把严格确定的思想习惯深深地刻在欧洲人的思维中，一旦欧洲人把他们研究证明的对象从上帝转换到自然，科学就呼之欲出了。

12 世纪上半叶，人们并没有用数学把自然法则量化，或者为自然现象提供几何表示，而是用它来回答我们所谓的形而上学问题或神学问题。12 世纪的学者们把数论与其他数的关系当作理解神的一元性与神所造的万物多元性之间关系的一种工具。"数的创造就是事物的创造。"数学也是公理化证明方法的范例。只有等到 12 世纪末，希腊和阿拉伯数学科学被翻译和吸收之后，才会有人设想将数学运用于科学中。

随着亚里士多德主义与神学的综合，亚里士多德的世界图景逐渐取代了柏拉图的世界图景。亚里士多德把宇宙分成两个截然不同的区域，它们分别由不同物质构成，依据不同原理运作。月球上方是诸天球，携带着恒定的恒星、太阳和其他行星。这个由以太或第五元素构成的天界的特征是永恒的完美性和匀速圆周运动。月球下方是由四元素构成的地界，这里有生灭、有生死与朽坏、有短暂的运动。亚里士多德对宇宙论图景的另一项贡献是其精致的行星天球体系以及天界运动在地界引起生灭所依循的因果原则。紧接着，亚里士多德主义的各种特征与传统宇宙论信念结合在一起，确立了中世纪晚期宇宙论的关键要素。在整个 13 世纪，这种宇宙论成为有教养的欧洲人的共同思想财富。

对现代人来说，理解基督教会对数学的兴趣很容易。首先，他们需要根据天文学、几何、算术去制定历法，尤其需要知道复活节的日期。对基督教来说，数学作为学习神学的基础准备课程同样是有价值的。在古典时期，柏拉图和其他的希腊人都已经发现，数学是用来为哲学做准备的。在中世纪，人们对自然哲学与数学的关系有不同的看法，有人将自然哲学分为形而上学、数学和物理学，从而把数学归于自然哲学。而将数学运用于自然哲学在中世纪是相当普遍的。在中世纪晚期，对自然哲学而言，数学很重要。中世纪数学被运用于自然哲学通常只是假设性的，与经验研究无关。

神学家经常使用在自然哲学中发展出来的数学概念，比如，把比例理论应用于物理问题、收敛和发散的无穷级数、无穷大和无穷小、潜无限和实无限、无限过程的第一瞬间和最后瞬间的极限确定等。再如，确定极限在涉及自由意志、赏罚和罪的问题中很有用。

14 世纪，数学和度量的语言被渗透到自然哲学中。于是，神学家迫不及待地使用了这种令人激动的新语言。他们不仅将它用于自由意志和罪等困难领域，而且也将它用于其他各种问题。这些数学概念在涉及无限的问题中也很有用，比如关于上帝的无限属性，即他的能力、存在和本质的思辨；上帝可能创造的无限的种类；世界是否永恒。这一时期，天使的运动成了中世纪关于连续统本性激烈争论的背景之一：它是由无限可分的各个部分构成的，也是由有限或无限个不可分的数学原子构成的。通过把自然哲学的概念和技巧，特别是自然哲学与数学有关的主题引入神学，神学家能够以一种逻辑 - 数学的方式来表述他们的问题。事实上，中世纪科学和数学方面一些最引人注目的成就都出自神学家。神学家在其神学论著中对自然哲学的拥护是如此热情，以至于教会有时不得不告诫他们不要轻率地用自然哲学来解决神学问题。

中世纪的修道院生活在形成欧洲实验科学和现代文明中曾起过重要的作用。欧洲实验科学的先驱罗杰·培根是 13 世纪基督教的修士。在当时炼金术和实验风气的影响下，培根认为科学的对象绝不能是什么抽象的"实体""本质"，而应是个别的具体事物。所以，他赞同唯名论的观点。培根无论在思想上，还是在实践上，都充满了反对正统基督教的战斗精神。他认为人类认识自然的途径是从感官知识到理性知识，强调认识来自经验。他主张靠"实验来弄懂自然科学、医药、炼金术和天上地下的一切事物"，认为只有实验方法才能给科学以确定性。他强调要把数学和实验相结合，并预见自然科学拥有造福人类未来的伟大远景。他大声疾呼实验胜过一切思辨，认为实验科学是科学之王。培根指出，新哲学是神的馈赠，能够证明信仰是正确的。他的方法论哲学是：不盲从权威，不轻信别人，真理来自实验，一切知识都应得到证明。他曾在修道院中利用当时的条件做过光学与磁铁等实验，在历法、地理、机械及火药制造等方面都提出过自己的见解。培根整理了奥古斯丁和其他教父作者的相关论述，从中可知他们都敦促基督徒从异教徒手中夺回哲学。为防止论证失败，培根用华丽的辞藻赞美科学的奇迹，以此来压倒其批评者。培根哲学中所渗透的精神是崭新的，具有鲜明的唯物主义和经验主义的倾向，因而他被誉为"万能博士"。培根因其科学实验被教会视为异端而遭到长期监禁和迫害。

在中世纪，随着基督教受到柏拉图和亚里士多德的洗礼，西方学者已经掌握了认识和分析宇宙的有力武器，并向文艺复兴时期的大思想家传授了这样的观点：自然界是上帝创造的，上帝的方法能为人们所领悟。正是这种十分重要的信念，支配着文艺复兴时期的数学家、科学家，并且不断激发着他们的灵感。但是，他们所追求的依然是领悟上帝的不可思议的奇妙设计，他们依然是正统而虔诚的基督教徒。然而，像形式、质料、实体、潜能、现实、四因、四元素、对立面、本性、变化、目的、量、质、时间和空间等这些亚里士多德的概念框架已经深入他们的思维，并成为他们强大的思想武器。

奥卡姆的剃刀："如无必要，不应假设"

古希腊哲学家柏拉图认为，具体的事物是虚幻的，抽象的概念倒是真实的，一般的共相是实在的。亚里士多德批判了柏拉图的理念论，指出一般不能离开个别而存在，个别的殊相是实在的。到了中世纪，经院哲学内部形成了唯名论与实在论两派，他们之间进行了激烈的争论。唯名论认为："个别"高于"一般"，"一般"仅仅是一个名词，"个别"的事物是实在的。实在论认为："一般"高于"个别"，"一般"是独立实在的，先于"个别"、派生"个别"。

这两派的争论非同小可。从形式上看，唯名论和实在论的争论具有经院哲学的脱离实际、咬文嚼字、玩弄概念的特点。但从实质上看，他们的争论涉及许多重大的哲学、神学和政治问题，是当时社会现实的反映。一般来说，实在论有利于教权至上论和正统神学的统治，往往为教皇派所支持；而唯名论则往往得到世俗地主、王权派和市民阶级的赞同。唯名论者常常受到打击与迫害，因为他们认为具体的、个别的"王权"高于一般的、普遍的"教会"，而这触犯了教权。在中世纪，教权高于一切。

中世纪鼎盛时期的经院学者相信共相是真实存在的，他们体验、相信和断言的并不是殊相的终极实在性，而是共相的终极实在性。实在论最早的重要代表安瑟尔谟认为，按照对上帝的"本体论的证明"，"共相""一般"不仅存在于人的心中，而且存在于现实中，是先于个别、在个别之外独立存在的真实的实体。安瑟尔谟的极端实在论和关于上帝存在的本体论证明，是为神学创世说和教会专制主义服务的。

托马斯·阿奎那在《神学大全》中调和亚里士多德哲学与基督教传统神学，认为共相具有三种存在方式：第一，共相作为单一物的理念原型而存在于上帝的理性之中，即在物之前；第二，共相作为个体所固有的客观一般而存在于物的世界之中，即在物之中；第三，共相作为对个别事物的抽象概念而存在于人的理性之中，即在物之后。他视上帝为"自有、永远有的"，乃"一切形式的形式""最高存在"和"第一真理"，把世界描绘为由下而上依属的等级结构，认为万物乃上帝从虚无中创造而来的。这些理论作为"托马斯主义"而逐渐成为天主教会的官方神学与哲学，深深影响着基督教思想体系的发展。

经院哲学中一个比较激进的唯名论把这个世界颠倒了过来。顾名思义，唯名论在传统上是关于名称的理论。在唯名论者看来，所有起初存在的事物都是个体的或特殊的，共相只是一些虚构。唯名论否认共相的实在性，实际上就是否定上帝的存在，因为上帝是共相的。于是乎，神无法被人的理性所理解，而只能通过《圣经》的启示或神秘体验来理解。因此，人并没有自然的或超自然的目的。这样一来，反对经院哲学的唯名论革命就摧毁了中世纪世界的每一个方面，终结了早期基督教教父们一直试图把理性与启示结合在一起的巨大努力，基督教教父们曾试图把希腊人的自然伦理学说与关于一位全能造物主的基督教观念统一在一起。

14世纪下半叶，神学家与哲学家开始分道扬镳，经院哲学开始进入衰落时期。英国最彻底的唯名论的代表人物奥卡姆提出著名的"剃刀"理论。奥卡姆主张一切知识都应以事实为标准，只有具体的物体才是真正存在的，所谓共相仅仅存在于人们心中和其词语之中。他认为"如无必要，不应假设"，声称要把那些毫无现实根据的"共相""形式""概念"等一剃而尽，从而构成了哲学史上的"奥卡姆剃刀"之说。他把神学同自然哲学（科学）分开，理由是神学的知识得自神的启示，而自然哲学的知识则应来自经验。奥卡姆用剃刀以批判、探索、求新为精神宗旨，号召人们向自然哲学（科学）迈进。据称，他曾对国王说："你若用剑来保护我，我就用笔来保护你。"这表现了他维护王权，反对教权的坚定立场和态度。

"奥卡姆剃刀"的提出受到了当时很多人的威胁，被认为是异端邪说，奥卡姆本人也因此受到迫害。毋庸置疑，这把剃刀是最尖厉的思想武器。它剃去了几百年间争论不休的经院哲学，剃秃了活跃一千年的基督教神学，使科学、哲学从神学中分离出来，引发了文艺复兴和宗教改革，谱写了全世界现代化的第一篇章。唯名论革命是一场对存在本身产生怀疑的存在论革命，所有后续的欧洲思想都受到它的影响。它沉重地打击了神学的哲学基础的实在论，引出了一种新的关于人、上帝、自然的新观念。唯名论对近代科学的数理实验科学的产生，起到了助推作用。

六

西方人的"人、上帝、自然"的思维范式

唯名论破坏了经院哲学，却无法提供一种能被广泛接受的替代者，来代替被它摧毁的包含一切的世界观。现代性的产生源于为摆脱唯名论革命所引发的危机而做出的一系列努力。究竟人、上帝、自然这三个存在领域中哪一个具有优先性，成为神学家、哲学家和数学家们争论的主题。这种争论进一步使哲学与神学分离开来，通过哲学的数学化，探究自然的数学化本质，孕育了现代性的思潮；同时进一步使科学从哲学中分离出来，最终产生了近代科学。现代性的诞生，其实质就是近代科学文化的诞生。

由于在托勒密体系中地球是宇宙的中心，因此基督教神学就很自然地提出了这样的命题：人是上帝最重要的创造物。无论是从宇宙论的角度来说，还是从价值论的角度来说，人类都处于中心地位。最重要的是，在做出了一定的宗教结论后，它所依据的数学证明却退居到了次要地位。但是，正如基督教教徒们所清楚地认识到的，人是世界上最重要的东西这一基督教教义，实质上是指世界是为人类而特殊设计的。这一教义在很大程度上依赖于托勒密的理论，也使宗教增加了对天文学研究的原动力。

在中世纪，基督教带入哲学环境和思想环境的新观点是：一种人类中心论的人类观，一种线性的历史观，一种把上帝当作一个位格和一个造物主的上帝观。从任何意义上讲，人都是宇宙的中心。中世纪的科学在许多方面都是围绕着这样的原则来进行的，即人是在世界的中心并且是起决定作用的因素，这个观点构成了中世纪物理学的基础。整个自然界不仅被认为是因人存在的，而且被认为是直接呈现于人的心灵，并且能够为人的心灵所完全理解的。因此据以解释自然界的范畴不是时间、空间、质量、能量等，而是实体、本质、质料、形式、质、量等。

人文主义把人放在第一位，并且在此基础上解释神和自然。人文主义者强调人是上帝按照自己的形象创造出来的，试图让人分享上帝的自由意志和创造能力。通过对自身的认识，人们可以认识上帝。而宗教改革则从神开始，而且只从这个角度来看待人与自然。可是就近代主流思想来说，不是人，也不是神，而是自然具有存在者层次上的优先性。自然比人拥有一个更独立、更确定、更持久的地位。

哥白尼的日心说贬低了人类在宇宙中的重要性，因而引起了宗教人士的反感，遭到了严厉的谴责。天主教会在一个官方声明中，称哥白尼学说为异端邪说。哥白尼反驳道：《圣经》可以教导我们如何走向天国，而不能告知我们天空如何运动。

17世纪初，伽利略利用一台望远镜发现了围绕木星旋转的4颗小卫星。这一人人都可通过望远镜看到的现象，就是对宇宙中存在着不围绕地球旋转的天体的直接证据。伽利略的发现不仅敲响了"地心说"的丧钟，更坚定了他对日心说的信念。伽利略作为日心说的坚定捍卫者，对世界上的两种东西进行了明确的区分：一种东西是绝对的、客观的、不变的和数学的，即第一性质；另一种东西是相对的、主观的、起伏不定的和感觉得到的，即第二性质。前者是自然的客观王国，后者是人的感觉和主观的王国。第一性质，如数、图形、量、位置和运动等能够在数学上得到完全的表示，宇宙的实在性是几何的；自然的唯一根本性是使某一数学知识成为可能的特征。第二性质是第一性质次要的、附属的结果。伽利略的第一性质和第二性质学说，把人从自然界中流放出来，并处理为自然演化的产物。这是一个根本的进步，它在现代思想中的影响有无法估量的重要性。

伽利略相信，上帝首先是通过自然，然后才是通过启示，来向我们展示他自己的。上帝在他的创世工作中是一位几何学家，因为他用数学体制创造了世界。上帝的知识是完备的，而人类的知识是部分的；上帝的知识是直接的，而人类的知识是推论的。上帝知道无限多的命题，人类只知道少量的命题。但是人类能透彻地理解，也就是在纯数学的证明中，人类的知性在客观上等同于神性。伽利略代表了科学革命之初科学家的自觉。作为科学家，研究自然也是研究上帝，是独立于《圣经》的，是一种更加直接的方式。伽利略在给朋友的一封信中宣称：上帝写了两本书，一本是《圣经》，另一本是自然之书。这封信是自然哲学向神学宣告平等的宣言书。教廷终于在 1616 年正式介入，要求修改《天体运行论》。伽利略表现平静且没有辩解，直到他的朋友巴巴瑞尼当上了教皇。伽利略写了《关于托勒密和哥白尼两大世界体系的对话》和《关于两门新科学的对话》，用以证明哥白尼的学说是正确的。他在书中批评的最多的是亚里士多德，这给他带来了大麻烦。他被宗教法庭判为异端，并被迫放弃他的观点，写下了"悔过书"。

与伽利略同时代的笛卡儿被伽利略的遭遇所震慑，虽然他以"我思故我在"证明了上帝的存在，但同时暗示人在部分程度上是一种自然物，是神圣的，从而可以与自然区分开来，不受自然定律的约束。他把自然看作一个机械的物质存在，通过把他的哲学数学化来精确地描述自然。与笛卡儿一样被认为是近代科学奠基者的弗朗西斯·培根强调征服自然为人类服务是存在的根本目的。他的口号是"知识就是力量"，倡导的手段是实验科学。

现代性是由一群非凡的人造就的，这些科学家、哲学家、数学家、文学家克服了他们那个时代的宗教迷信，建立了一个以理性为基础的新世界。他们继承和发展了古希腊科学形态，强调自然是人研究的对象，强调对自然的认识是信仰上帝存在的基础，将人、上帝、自然作为认识世界的三极，将知识和信仰分离，强调以科学实验为基础的自然哲学和数学是神学哲学体系的两块基石，这些都成为近代科学形态产生的思想基础。

第五章

拷问自然，以自然为对象

西方人在"人、上帝、自然"的思维范式之下，将自然作为人们认识和解释的独立对象，用几何的数学语言描述宇宙体系，以形式逻辑为工具构筑理论诠释系统，这成为西欧中世纪神学界、哲学界普遍认同的思维方法。由于自然作为上帝施加于物质的代理力量，于是产生了"自然的精神"。"自然的精神"虽然不是数学的，却是经验的和实验的。没有"自然的精神"，就没有自然的数学化运动，就不会产生现代科学。

文艺复兴：数学柏拉图主义的复兴

中世纪晚期，君士坦丁堡陷落后，古希腊的哲学和数学及认识自然的抽象方式随着意大利出现的翻译运动很快传遍了欧洲。而完成这些工作的人，通常被称为"人文主义者"。第一批希腊和阿拉伯的著作译本被传到欧洲后不久，人们就开始研究上帝创造的天地万物，而不是研究上帝本身。这种探求本身是直接探索自然界的规律，而不是从《圣经》中寻找对自然的教义。受到这种思想的冲击，思想界渴望了解和消化这些新思想，并试图在此基础上建立寻求解决人、自然和上帝之间关系问题的新方法。于是，发生在14世纪到17世纪的文艺复兴运动开始点亮欧洲。

库萨的尼古拉是文艺复兴初期的德国哲学家，是一位新柏拉图主义者。库萨的尼古拉认为世界是处在不断变化之中的，是多样化的。他还认为上帝是万物的本质，万物在上帝之中，上帝又展现为万物，上帝也在万物当中。万物的总和即为宇宙的无限性，这个无限性是指具体的有运动变化的无限性。但是在上帝那里，所有的对立面以及所有的矛盾和差异都将归于一个统一体。库萨的尼古拉有个问题：我们怎样理解有限之物与这个无限的统一体之间的关系呢？为了回答这个问题，库萨的尼古拉转而求助于数学。

在库萨的尼古拉形而上学的体系中，数学起到了至关重要的作用。在他最有名的著作《论有学识的无知》的开篇，数学观念的影响便已体现出来。他提出，任何关于未知事物的研究都在于注意到它与已知事物的相似和差异。他在数学比例的构造中发现了这两个特征，并以其论证特有的方式总结道：一切认知都在于对比例的确定，因此不借助数学就不可能有认知。由此可知，由于无限与有限之间不成比例，所以无限是我们所不能认识的。即在这方面，我们仍然是无知的。然而，这种无知可以用形容词"有学识的"来修饰，因为一个人对其无知认识得越深刻，就越可以被认为有智慧。

虽然无限不能为我们的理性所直接认识，但我们可以通过一些间接的手段加以认识，而这些手段正是数学提供的。虽然数学讨论的是有限的形体，但对其属性的沉思却可以开启一条通往无限的道路。举例来说，在几何中没有什么比"直"和"曲"更对立了；然而，在无限大的圆中，圆周与圆的切线重合，在无限小的圆中，圆周与圆的直径重合。而且，在这两种情况下：圆心决定了唯一的、确定的位置；它同圆周一致；它不在任何一处，又在任何一处。

　　于是，库萨的尼古拉从"有学识的无知"这一信条，引申出某些值得注意的宇宙结论。宇宙不可能有什么绝对的中心，上帝仅仅是超出形而上学的想象的中心。这也适用于一个绝对有限的宇宙：不存在什么绝对的封闭天球，也不可能存在什么绝对静止的物理状态。由此可知，物质的地球是运动的，而且从任何绝对意义上说，地球都不可能是宇宙的中心。作为观察者，对宇宙的任何合理解释都完全是相对的，而且人类宇宙学也确实不能对世界做出完全客观的描述。库萨的尼古拉从宇宙的这种具体的无限性出发，先于哥白尼提出了反对地球中心说的思想。他指出宇宙既然为无限的，就是无边无际无中心的，因此地球不是宇宙的中心，地球每天都在其轴上做不停顿的自转运动。

　　库萨的尼古拉把"有学识的无知"这个矛头直接指向了亚里士多德，认为亚里士多德一定是"有学识的"，但也一定是"无知的"。如果认同库萨的尼古拉的说法，那么亚里士多德的封闭宇宙定性结构就不再具有任何意义。库萨的尼古拉认为：宇宙是无限的，而且其他世界也许是有人居住的；宇宙到处都有它的中心，而且任何地方都没有人的边界；地球是处于运动中的。亚里士多德将天和地分开，并贬损地球为"卑劣和低下的"；库萨的尼古拉反对亚里士多德的这个信条，他义正词严地说，地球和其他星球是一样高贵的。

　　中世纪的教会是建立在权威之上的，它信奉亚里士多德，并把怀疑他定为有罪。信赖《圣经》是一切知识的来源并应主宰一切主张，这些都引起了知识分子的反感。库萨的尼古拉用《论有学识的无知》吹响了对亚里士多德主义批判的号角。15 世纪末，随着对基督教"科学"和宇宙学说可靠性的怀疑、对教会压制实验和压制思考经济新秩序所产生的问题的反抗，欧洲的知识精英们从思想上与宗教权威展开了顽强的斗争。

文艺复兴始于艺术，表现在建筑、绘画、雕刻、文学、音乐等所有艺术领域，其中绘画最具代表性。文艺复兴的典型特征是艺术家朝着写实主义方向前进，而数学在13世纪末开始进入艺术领域。画家们意识到，中世纪的绘画脱离了现实和生活，应该朝自然主义方向努力。其结果是，文艺复兴时期的绘画艺术从中世纪的二维平面转变成三维画面。也就是说，这一时期的画面中有了空间、距离、质感的视觉冲击。这方面的代表人物是意大利画家乔托。

被誉为"欧洲绘画之父"的乔托，是意大利文艺复兴时期的开创者和先驱者，也是中世纪的最后一个画家、文艺复兴的第一个画家。他的作品开创了自然主义的新理想，同时创造了一种可信的空间感。乔托的伟大艺术成就，对文艺复兴时期的巨匠米开朗琪罗、达·芬奇、马萨乔等影响极大，被誉为"14世纪意大利艺术的重要纪念碑"。

在乔托之前，人类还没有学会在二维平面上表达空间感。乔托研究如何在二维的画布上描绘现实中的三维景物，通过创立一套全新的数学透视理论体系，开创了一种重新构建空间的方式，为焦点透视法铺平了道路。从此，西方的文明从古典美术开启了"精确描绘自然"的历程。

乔托的《金门相会》这幅画讲的是，年老无后的诺亚离家苦修以求子，上帝派遣天使加百利告诉安妮，她与未见面的丈夫将在耶路撒冷的金门相会。两人相见接吻后，将为他们带来后代。这无疑是一个宗教性的奇迹事件。当两位圣者在前景中接吻时，左边是被画框截断的牧羊人；

这个牧羊人似乎在画面以外，还有另一半的空间也在延续着。

乔托《金门相会》（1302—1305）湿壁画

　　文艺复兴时期的哲学名为人文主义。西方在中世纪把上帝和彼世作为思想的中心，文艺复兴则把注意力集中在人和现实世界上。这种变化在科学上引起极大反响，神学从此失去其超越一切的意义，对人和自然的兴趣占据了上风。文艺复兴被美国数学史家 M·克莱因称为"数学精神的复兴"。对于文艺复兴时期的艺术家来说，数学是探索自然界最有效的方法。文艺复兴时期哲学的一种信念是把握空间结构和发现自然界的奥秘，而且终极真理的表达方式就是数学的形式。由于受文艺复兴时期的希腊哲学的影响，他们相信数学是真实的现实世界的本质，宇宙是有秩序的，而且能按照几何方式明确地理性化。因此，和希腊哲学家一样，他们认为要透过现象认识本质，即他们需要在画布上真实地展示其题材的现实性，那么最后所要解决的问题就必然归结为与一定的数学内容相关。

早期文艺复兴著名的艺术家之一皮耶罗·德拉·弗朗切斯卡具有极高的数学天赋，深信只有在那些极其明晰而纯净的几何物体结构中，才能发现最美的东西。他写了大量关于数学和透视法的文章，曾写出西方美术史上第一篇透视学论文，晚年写了《论绘画中的透视》和《论正确的形体》两篇论文。他从数学观念出发，把对光线和色彩的敏感与在绘画平面上再现立体空间造型结合起来，形成自己的独特画风。所以他的画有数学般完整的形式和出色的空间感，整体上又给人一种不受时间限制的宁静气息。他一生的创作活动是一个从实用画法到数学再到抽象数学思考的演进过程。

皮耶罗·德拉·弗朗切斯卡《鞭打基督》

《鞭打基督》这幅画描绘了基督在开放的庭院里被鞭笞的情景，而三个身份不明的人站在前景中表现出一副漠不关心的样子。这幅画因使用了线性透视而受到赞誉，它把背景中的人物描绘得比前景中的人物小。意大利文艺复兴时期的艺术家是最优秀的实用数学家，而且是最博学、多才多艺的理论数学家。15 世纪时艺术家们终于认识到，必须从科学上对透视问题进行研究，而几何就是解决这一问题的关键。由于欧几里得几何被十分合理地认为它所研究的是由触觉产生的问题，所以这门几何就为视觉几何留下了广阔的研究余地。

对透视学贡献最大的艺术家是达·芬奇。在剖析达·芬奇的透视理论时，我们会发现射影几何就是"从艺术中诞生的数学"。他用一句话揭示了他的《绘画论》中的思想："欣赏我作品的人，没有一个人不是数学家。"他坚持认为，绘画的目的是再现自然界，而绘画的价值在于精确地再现。因此，绘画是一门科学，它和所有其他科学一样，以数学为基础。"任何人类的探究活动都不能称为科学，除非这种活动通过数学表达方式和经过数学证明来开辟自己的道路。""一个人如果怀疑数学的极端可靠性，就会陷入混乱，且永远不可能平息科学中的诡辩，只会导致空谈和毫无结果的争论。"达·芬奇藐视那些轻视理论而声称仅仅依靠实践就能进行艺术创造的人，认为正确的信念是"实践总是建立在正确的理论之上"。他认为，创作一幅画的透视基础不应该是信手涂画，而应该依据数学原理构图。

达·芬奇在哲学和科学上的一个重要贡献是，他在概括当时自然科学和技术成果的基础上，提出了具有唯物主义倾向的科学方法论。达·芬奇的科学方法论主要包括以下内容。第一，观察与实验的方法。达·芬

奇把观察与实验看成是认识自然和科学研究的基本方法。他说："智慧是
经验的产儿。"第二，理性方法。达·芬奇特别重视理性方法在认识、科
学实验和科学发展中的意义。在科学研究中，他主张将经验方法同理性
方法相结合，即从经验开始，用理性引导，去发现事物之间的因果必然
性规律。第三，数学方法。达·芬奇作为实验科学家、工程师和数学
家，在科学研究中特别注重对数量关系、数学原则的掌握和运用。他
说："人类的任何探讨，如果不是通过数学的证明进行的，就不能说是
真正的科学。"他相信整个世界和事物的各个方面都体现了一种量的比
例和数的原则。

达·芬奇《最后的晚餐》

16 世纪的现实主义绘画成就达到了自文艺复兴时期以来绘画发展的
最高峰。这些作品展示了精密的透视学及其表现方式的作用，注重空间
和色彩。达·芬奇、米开朗琪罗、拉斐尔等艺术家们创作出许多不朽的
经典艺术珍品。拉斐尔的《雅典学院》，以和谐的安排、巧妙的透视、清

晰精确的比例描绘了一幅神圣庄严的场景。这幅画巧夺天工地处理了空间和景深，而且聚焦了古希腊所有知名的哲学家。柏拉图和亚里士多德一左一右，处于画的中心。柏拉图左边是苏格拉底，而左边地上，是正在著书立说的毕达哥拉斯。右边地上，则是欧几里得或阿基米德正在证明定理。画面的右边，托勒密手中拿着一个球。整幅画中，有音乐家、数学家、哲学家，可谓群英荟萃。

拉斐尔《雅典学院》

意大利文艺复兴时期三杰之一拉斐尔的代表作《雅典学院》是文艺复兴全盛时期的一件杰作。

如果说中世纪人们关注的是神性，那么文艺复兴时期人们则把目光投向了人本身。文艺复兴思想的核心内容是人文主义。人文主义精神的基本含义是：尊重人的价值，尊重精神的价值。反对神学对人性的压抑；

同时要张扬人的理性，反对神学对理性的贬低。于是，人文主义者强烈反对亚里士多德、经院哲学以及整个大学学术传统。同时，他们中的许多人都拒绝科学事业。

然而，人文主义思想运动却复兴了两个非亚里士多德观念：一个是"新柏拉图主义"的信念，即相信在自然中存在着算术和几何的简单性；另一个是新的观念，即把太阳看成是宇宙中一切活力的源泉。

新柏拉图主义者强调摆脱复杂纷乱的现实世界，前往一个精神纯粹的永恒世界，而这一目的可以通过数学达到。他们认为数学对于"理想"的探求是有重要意义的。柏拉图认为数学存在于先验的"理念世界"中。平面几何学中的三角形和圆是柏拉图所有形式的原型。它们不存在于任何地方，但它们被赋予了某些永恒和必要的属性，这种属性可以被心灵发现。就这样，新柏拉图主义者在数学中发现了开启人、上帝和自然之间大门的钥匙。

新柏拉图主义导致文艺复兴时期的人们出现了一种新追求，即在自然中寻找简单的几何和算术规则。文艺复兴时期的伟大科学家哥白尼对太阳和数学简单性的态度明显属于新柏拉图主义。而这种新柏拉图主义的精神在伟大的天空立法者开普勒身上表现得淋漓尽致。

16世纪晚期，数学的新柏拉图主义与哥白尼主义相混合，重塑了哥白尼的宇宙结构。哥白尼是古代科学传统的直接传人，但是他所继承的差不多是2000年前的东西。在过渡时期，正是重新发现的过程、中世纪对科学和神学的综合、数个世纪的经院批评以及文艺复兴时期的生活与思想中的新思潮，它们联合在一起改变了人们对待从学校里学到的科学遗产的态度。

16 世纪的意大利数学家吉罗拉莫·卡尔达诺，是中世纪与近代之间承上启下的人物之一。三次方程的求根公式一般称为卡尔达诺公式，也称卡当公式。吉罗拉莫·卡尔达诺的科学研究彻底摆脱了神秘主义和玄学理论，具有地道的现代精神。吉罗拉莫·卡尔达诺在代数和算术方面的杰出成就，是对现代数学的第一个重要贡献，而且无疑是 16 世纪最优秀的成就。16 世纪文艺复兴时期出版的重要著作，如吉罗拉莫·卡尔达诺的《大术》、哥白尼的《天体运行论》和近代人体解剖学创始人维萨里的解剖学巨著《人体构造》，是 17 世纪开始的科学革命前夜的先声。这些著作具有非常重要的革命意义，它们使自然界获得了一种摧毁中世纪文化的力量，激励着后世的科学家们全面推动自然的数学化运动。

哲学与神学的分离：哲学的数学化

神学家觉得有权命令哲学家证明对不朽灵魂的信仰的合理性。哲学家觉得有权命令数学家证明天空中的所有运动都是圆周运动，因为圆周运动才有可能是统一、永久、不变的。哲学家还觉得有权命令数学家证明地球位于所有这些天空圆周的中心。17 世纪法国伟大的哲学家、数学家笛卡儿对此表示怀疑，并提出了哲学史上最著名的思想"我思故我在"。这一思想表面上是对上帝存在的证明，实际上是对神学权威的反叛。

笛卡儿是将哲学思想从经院哲学的束缚中解放出来的第一人，被黑格尔誉为"近代哲学之父"。他的哲学极为重要，因为它主宰了 17 世纪人们的思想甚至影响到牛顿和莱布尼茨这样的巨人。在笛卡儿之前，亚里士多德的著作是通用的哲学教材，强调的是规范化的逻辑论证。基督教借此展示神学思想与理性之间的一致性，并使神示内容与亚里士多德的世俗知识相协调。令人没想到的是，到了 16 世纪后期，理性越来越独立于宗教，哲学渐渐将自己从神学中分离出来。与此同时，欧洲变得富裕起来，出现了新兴的中产阶级。而随着意大利文艺复兴的到来，人们逐渐熟知古希腊的哲学、诗史和历史，整个欧洲弥漫着一种如饥似渴的求知欲望。他们在思想深处酝酿着蠢蠢欲动的革命思潮，并开始怀疑一切。

怀疑精神是 17 世纪西方哲学的基本特征。笛卡儿把普遍怀疑当作整个唯理论哲学的出发点。笛卡儿反思他学过的神学知识和哲学知识，认为神学告诉我们最高真理上帝天启的内容不是我们的理性所能把握的，所以这只是一种神秘的东西。如果理性不能把握天启的东西，就不知道通过什么途径可以学到真正的知识，所以神学不能让我们学到任何新知识。

同时他也认为哲学固然貌似真理，但古往今来的各派哲学家始终处于针锋相对的状态，哲学也是充满矛盾的，不能给予我们确定性的知识。笛卡儿承认逻辑本身确实可以给我们提供一些必然性的东西，但逻辑只能证明已知的东西，而不能告诉我们新知。逻辑充其量只是证明的学科，而不是发明的学科。

基于这种反思，笛卡儿决定进行一场彻底的普遍怀疑。怀疑的目的是去寻找那些不可怀疑的东西。怀疑的准则是"不证自明"的理性，所谓"不证自明"是指"凡是我们能清楚明白地设想到的东西都是真的"。怀疑的范围是仅限于思想范围，不涉及实践生活领域，不求改变世间的秩序。

那么要从哪里开始怀疑呢？笛卡儿回答："我思故我在。"这句名言的意思是："当我开始怀疑一切事物的存在时，我却不用怀疑我本身正在怀疑的这件事，因为此时我唯一可以确定的事就是当下我自己思想的存在。"进一步说，每一种现象必然有一个原因；结果不能大于原因；因为"我"这个思想的主体不能被"怀疑"，那么就有一个使"我"存在的更高"存在体"。换句话说，因为我存在，所以必须有一个使我存在的"存在者"，而那个使我存在的"存在者"，也必定是使万物存在的"存在者"。因此，能够使万物存在的"存在者"，就必然只有上帝了。于是，笛卡儿通过他的"我思故我在"证明了"上帝的存在"。

从认识论来讲，笛卡儿通过上帝的存在来保证"不证自明"的真理标准的可靠性，从而使一切来自上帝的"天赋观念"具有不可怀疑的真理性。从本体论来讲，笛卡儿通过上帝的证明来重建被普遍怀疑的外部世界，从而使一个更广阔的心物二元论世界得以建立。而这才是他的真实目的。

笛卡儿坚信，物质和精神是两个相对实体，它们只依靠上帝而不依靠其他东西存在。上帝同时创造了精神世界和物质世界，一方面保证了精神世界（观念体系）的清楚明白，另一方面也保证了物质世界的真实可靠，即保证了两个世界的相互独立性。这就是笛卡儿著名的心物二元论：一方面是由一部在空间中延展的巨大的数学机器构成的世界，这是具有第一性质的物质实体；另一方面是由没有广延的思想灵魂构成的世界，这是具有第二性质的精神实体。

在笛卡儿的物质实体世界中，所有物质的东西都是为同一机械规律所支配的机器，甚至人体也是如此。笛卡儿又认为，除了机械的世界外，还有一个精神世界存在，这种二元论的观点后来成了欧洲人的根本思想。从笛卡儿开始产生的机械唯物论，到牛顿那里达到了高峰。

笛卡儿坚信人们在进行推理思考时绝对不会出错，但是又有什么东西能保证人们所使用的推理方法必定会推出真理呢？笛卡儿再次回到不会欺骗人的上帝那里，通过用上帝的存在证明来保证"天赋观念"的清楚明白，从而保证上帝既是智慧的，同时也是善良的，因此就把一系列观念清楚明白地赋予我们。由此，我们有了与生俱来的"天赋观念"，比如空间、时间和运动的观念是我们头脑中固有的"天赋观念"。"天赋观念"是唯理论始终坚持的知识来源和前提，唯理论的整个知识体系就建立在"天赋观念"和理性演绎的基础之上。在笛卡儿这里，"天赋观念"就是其演绎的公理和基本前提。

为了证明其物质世界的存在，笛卡儿相信上帝一定是按照数学定律建立自然界的。他主张把几何学的推理和演绎方法应用于哲学上，认为清晰明白的概念就是真理。笛卡儿反复强调和论证他的论点：在任何科学中，精密知识总是数学的。笛卡儿科学纲领的基本原则是，世界必须是一个几何世界，它的一个根本特征就是在空间中的广延性。所有科学形成了一个有机统一体，必须用一种适用于它们的方法来一起研究。这种方法必须是数学方法。因为在任何一门科学中，我们了解到的一切都是在它的现象中表现出来的秩序和度量，现在数学就是一般地处理秩序和度量的普遍科学。

笛卡儿建立了系统的、清晰的和有说服力的新科学哲学，并贯穿在他的基本著作《方法论》中。在这本书中，他详尽地论述了人类至高无上的理性，自然定律的永恒不变性，作为物质本性的广延和运动，肉体与思想的本质区别。正是在这本书中，笛卡儿从数学中抽象出方法，在经过一般化的推广后，又将其运用于数学之中，由此成功地创造出一种表示和分析曲线的全新方法。这一创造就是众所周知的坐标几何。这部著作对近代思想的形成产生了深远的影响。也正是在《方法论》一书中，笛卡儿提出了著名的"我思故我在"思想，这是西方现代哲学中最著名的思想。

虽然笛卡儿在《方法论》一书中确实得出了"上帝存在"的正统神学结论，但读者对他倡导的方法远比对他得出上帝存在的结论更为感兴趣。因此，教会担心他的著作会产生破坏性作用。对此，笛卡儿本人也感受到了。由于害怕教会和经院哲学的威权，尤其是在 1633 年伽利略受到教会迫害的消息传遍欧洲大陆后，笛卡儿更不敢轻易公布自己的观点。直到局势有所缓和，笛卡儿才将他的《方法论》出版面世。

笛卡儿对现代数学的发展做出了重要的贡献。笛卡儿认为，人类应该可以使用数学的方法，也就是理性来进行哲学思考。笛卡儿断言："坦率地说，我坚信数学是迄今为止人类智慧赋予我们的最有力的认识工具，它是万物之源。"这一断言后来成了机械论中一个最为重要的公理。笛卡儿成功地把自然界描述成一个遵循简单运动规律的机器。他把质量完全变成了数量。在笛卡儿的世界里，万物各得其所，相互之间的关系十分和谐，一切都精确无误，不存在任何混乱。笛卡儿坚持认为物质最基本最可靠的性质就是形状、空间中的广延和在时空中的运动，而所有这些都是可以用数学描述的。对于他来说，空间或广延变成了宇宙中的根本实在，运动变成了所有变化的源泉，数学变成了宇宙各个部分之间的唯一关系。笛卡儿宣称："如果给我广延和运动，我就能构造宇宙。"

笛卡儿是第一个向全世界宣告数学方法在人们对真理的探索中所具有的力量和作用的人。笛卡儿对数学方法的笃信使世界获得了巨大收益。恩格斯指出："数学中的转折点是笛卡儿的变数。有了变数，运动进入了数学；有了变数，辩证法进入了数学；有了变数，微分和积分就立刻成为必要的了。"

笛卡儿方法具有双重意义。首先，他把"什么是知识"这个认识论的基本问题置于其哲学体系的中心。由于早期哲学家力图描写世界的本质，但笛卡儿认为这样的问题若不和"我怎么能知道"联系在一起，就无法获得满意的回答。其次，笛卡儿认为追求真理不应该从信仰开始，而应从怀疑开始。因此，他提出了"普遍怀疑"的主张。这恰好与奥古斯丁及大多数中世纪神学家的看法相反，他们认为获得任何知识都要从信仰开始，信仰是第一位的。

笛卡儿的哲学具有明显的数学化特征。这种哲学比起中世纪和文艺复兴时期的先哲们的哲学，其神秘性、形而上学和神学方面的内容少得多，更多的是理性精神。笛卡儿率先认识到，亚里士多德三段论只是在推导已知结论时才有用，而不能用以发现新知识或进行创新。由于笛卡儿所做的工作，神学与哲学彻底分道扬镳了。而他的方法就是使哲学数学化!

笛卡儿堪称 17 世纪及其后欧洲哲学界和科学界最有影响力的思想巨匠之一，被誉为"近代科学的始祖"。如果说笛卡儿给了人类一个"信念"，即人类能够揭示世界的奥秘，成为世界的主人，那么牛顿则使物理学完全走上独立发展的道路，在力学、数学和光学中进行了伟大的创造。

17 世纪，真正爆发了自古希腊以来数学哲学上的第一次革命。随着伽利略的《关于两门新科学的对话》、笛卡儿的《方法论》和培根的《新工具》的出现，人们开始摆脱亚里士多德几千年的思想束缚。这场急风暴雨式的革命异常迅速，从哥白尼 1543 年出版的《天体运行论》到笛卡儿 1644 年出版的《哲学原理》仅 100 余年，从笛卡儿 1644 年出版的《哲学原理》到牛顿 1687 年出版的《自然哲学的数学原理》不足 50 年。17世纪，人类的心灵经历了一场深刻的革命洗礼，这场革命改变了人们思维的框架和模式，其成果就是现代科学和现代哲学。在此期间，数学和科学之间的结合完美到了极点，科学革命是数学大爆发的条件，也是数学大爆发的结果。其中，力、运动、质量和作为公式的定律组成了理解现实世界如何运转的新范式。

科学革命代表了数学家对哲学家权威和神学家权威的一次成功反叛，正是牛顿的《自然哲学的数学原理》使这一反叛达到巅峰。

征服自然：知识就是力量

古希腊哲学家苏格拉底曾说：美德即知识。苏格拉底的知识论重点是关于人自身的知识。这种知识不是通过经验，而主要是通过分析概念和澄清一些关于人自身与社会的已有的模糊概念，如正义、勇敢、美德等来获得人自身的完善。这种知识对在经验中观察和开发自然是没有兴趣的。

文艺复兴时期的一个重要思想是"回归自然"。这一思想最早是以罗杰·培根为代表的人提出的，后来也得到了 15 世纪早期一些富有创新意识的思想家们的推崇，如唯名论运动中的著名人物奥卡姆。这一时期，把大自然本身作为知识的真正源泉开始形成一种风气。

到 17 世纪时，人们不仅要从大自然中寻求知识，弗朗西斯·培根和笛卡儿更是进一步提出人类要征服和控制整个大自然的梦想。对弗朗西斯·培根来说，科学的目的并不只是满足玄想的好奇心，而是确立人类对大自然的统治，增强人们的舒适感和幸福感。由弗朗西斯·培根和笛卡儿发出的挑战很快就得到响应，科学家们积极乐观地投入了以主宰大自然为己任的运动中。

　　弗朗西斯·培根所做的一个伟大贡献就是"使科学摆脱了宗教和宗教的形而上学""使对自然的研究因其被看作巫术而遭到禁止的状况发生了转变"。更为重要的是，弗朗西斯·培根认识到科学能提高人类的能力，使人类更有效地控制自然。他在《新工具》一书中写道："科学的真正的、合法的目标说来不外是这样：把新的发现和新的力量惠赠给人类生活。""人类要确立对万物的绝对统治，完全靠技术和科学，因为我们不遵从自然，我们就不能支配自然。"

　　培根的名言"知识就是力量"，在中国语境下，仿佛是在表达中国式的"知识有用"的实用主义思想，但在西方语境下，其深层含义为"科学就是力量"。如果说古希腊哲学家苏格拉底的"美德即知识"是针对人而言的，那么培根的"知识就是力量"则是针对自然而言的。

　　培根与笛卡儿一样，都认为亚里士多德的"演绎三段式"只是证明方法，大多数时候为同义反复，不能产生新知识，也不能发明新方法。所以培根针对亚里士多德的《工具论》写出了《新工具》一书，提出了分析、比较、排除的科学归纳法，并坚信只有归纳方法可以发明新知识。他在《新工具》中说，哲学的目的是求知，而求知的目的是发现自然的规律，迫使自然为人类造福。他认为知识要从感性经验出发，通过理性归纳，上升到真理性的知识，成为普遍"公理"。培根相信一切知识都来自感性经验，并提出了经验论的基本原则。虽然培根强调要从经验和实验出发，但同时也强调理性的重要性。他认为，要把经验和理性相结合，才能产生真知。培根是近代经验论的创始者。

　　经验论的另一个重要人物是英国哲学家托马斯·霍布斯，他曾做过培根的秘书。霍布斯在培根的经验哲学的基础上，进一步提出经验哲学是从原因求结果或从结果求原因的推理的学问，其基本前提是从经验出发，而不是像中世纪哲学那样从信仰出发，他对培根的经验哲学进行了规范化和固定化。霍布斯四十岁左右的时候读了《几何原本》，对其中的演绎推理和证明大为惊叹。他在讨论感觉与推理时提出，一切知识都来自感觉经验，没有任何"天赋观念"，推理就是观念的加减，或是由果推因（分析、发明）和由因推果（综合、证明）。所以，经验归纳和演绎推理是互不相干、各自独立的。霍布斯主要讲演绎推理，他认为在数学领域可以计算，在政治领域其本质也是计算。在霍布斯著名的政治哲学论著《利维坦》中，其根本的出发点是数学。霍布斯认为人类所有的理智活动归根结底都是一种形式符号的运算。霍布斯把数学中的加减乘除推而广之到社会生活领域，认为政治生活也是加减乘除，只不过运算的对象是"契约"与"义务"，法律中也有加减乘除，只不过对象是"事实"与"真相"等。所有人类生活的讨论都是在数学的加减乘除之基础上的，所有政治行为都是在计算"利害"关系，这是他讨论其政治哲学的基础。

数学这门学科所表现出来的力量使人们不得不相信，它与科学、哲学或宗教不同。笛卡儿说："由于数学推理确定无疑、明了清晰，我特别喜爱数学，我为它的基础如此稳固坚实而惊奇。在知识结构中，数学应该是最高的。"

笛卡儿说"天赋观念"有三类：第一类是天赋的思辨观念、思辨原则、形式逻辑、几何学的基本规则、基本公理；第二类是天赋的实践原则、道德良知；第三类是天赋的上帝观。霍布斯认为上帝的观念不是天赋的，而是在经验中形成的。也就是说，上帝是后天的。

英国哲学家约翰·洛克明确反对笛卡儿的"天赋观念"，他把培根的经验论系统化了。洛克认为不存在天赋的思辨原则，所谓"普遍同意"的东西都是后天形成的。不存在天赋的实践原则，道德原则都是教化的结果。也不存在天赋的上帝观念，上帝是对自然世界第一因的推测。他举例说，东方有发达的文明，但却不信上帝。

洛克毫不含糊地认为知识来源于经验。他提出了经验论的基本原则："凡在理智之中，无不在感觉之中。"洛克进一步指出，经验包括感觉和反省，二者构成一切观念的来源。感觉是对外在事物的经验，是外在经验；反省是对内心活动的经验，是内在经验。他认为在经验之前，人的心灵就是一块白板。天赋说则相信人的心灵不是一块白板，而是早已刻有知识。

洛克从批判天赋说开始，提出白板说。约翰·洛克把经验系统化地分为感觉和反省之后，提出观念是知识的基本单元的思想，并把观念分为简单观念和复杂观念。简单观念是指心灵既不制造也不毁灭的直接从感性获得的观念，比如阳光、空气等，这些是只能被动接受的。而复杂观念则是通过心灵的能动性，把从感性反省的简单观念加以任意组合、比较和排列而形成新的观念。所以，简单观念是被动的、直接的；复杂观念是主动的、间接的。洛克把复杂观念分成两种实体：一种是物质实体，另一种是精神实体。物质实体是来自感觉的简单观念所寄托的基质；精神实体是来自反省的简单观念所寄托的基质。

这就产生了一个深刻的理论矛盾：在经验上，我们不能形成任何关于实体的观念，"物质实体"和"精神实体"都是心灵任意构造出来的复杂观念。所以在逻辑上，我们必须假定实体的存在。

18 世纪，苏格兰哲学家大卫·休谟指出归纳法的缺陷。休谟认为，归纳法永远得不到具有普遍必然性的结论。他提出了一个有趣的问题："太阳明天会从东方升起吗？"我们知道，自古以来太阳都是从东方升起的。但休谟说："你能保证明天会这样吗？明天还有明天，未来的日子比过去多多了！"所以，归纳法有一个问题，即会把或然性、概率性当成必然性。因为你不可能检验完所有的对象，这是一个逻辑上的跳跃。我们不能把概率当必然，不能把可能性当成必然性。

悲剧在于，经验论是知识论和认识论的，目的是追求普遍必然性的知识。但当经验论发展到休谟的怀疑论时，发现任何普遍必然性的知识都是不可能的。因此当经验论发展到极端时，恰恰会颠覆自己。当它成为彻底的经验论时，恰恰不是有效的知识论。

休谟的彻底的怀疑主义之路上只有一个障碍，那就是已得到公认的纯数学真理的存在。休谟不能摧毁数学，就贬低它的价值。他宣称，纯数学定理不过是同义反复的陈述，是以不同方式对相同事实的不必要重复。休谟对我们如何获得真理这个一般性问题给出的答案就是：我们不能获得任何真理。但是，这个结论对人类最高能力的否定，会使多数 18 世纪的思想家反感。数学和人类理性的其他表现形式已取得了太多的成果，不能轻易抛弃。康德批判休谟时说：如果知识都是来自无因果关系的杂乱无章的感觉经验，那还不如做一场梦。

唯理论的极端违背了它的初衷，且不能带来任何新的知识。经验论能带来新的知识，但不能带来系统必然的普遍性知识；而唯理论虽然能带来普遍必然性的知识，但没有任何新的内容。因此，如何既保证知识的普遍必然性，又能获得新的内容，就是康德所面临的问题。他提出，先天综合判断是如何成为可能的。所谓先天综合判断就是既有普遍必然性，同时又有新内容的知识。从康德的知识论概述中明显可以看出，他将数学真理的存在作为其哲学的中心支柱，尤其依赖欧几里得几何学的真理性。遗憾的是，19世纪发现的非欧几何摧毁了康德的论证。

虽然探讨普遍必然性的知识一路坎坷，但"知识就是力量"早已深入人心。

四

实验科学的兴起：方法比知识重要

　　征服自然的理想最终落到实验科学身上。希腊哲学概念和理论的启蒙，中世纪经院哲学中严密推理的逻辑训练，中世纪从概念实在论向唯名论的转折，在一定意义上意味着人们的关注点从玄想转向具体事物，宗教神学的严酷统治迫使人们向大自然靠近，激发了人们对开发和控制自然的兴趣，这些都为文艺复兴后的实验科学的兴起做了充分的准备。实验科学的诞生标志着科学史上一个全新阶段的到来。

　　17 世纪，实验科学开始形成。方法问题成为科学革命的中心，新的科学哲学主要的创新之处在于数学与实验的结合。科学革命造就了两位杰出人物：弗朗西斯·培根和笛卡儿。培根虽然不是一位真正意义上的科学家，但他却开创了以实验科学作为科学方法的新时代。

　　培根对亚里士多德的方法论持批判态度。在亚里士多德建立的归纳－演绎程序中的归纳阶段，培根认为亚里士多德及其追随者搜集的资料杂乱无章，不加鉴别，无法归纳。只有利用系统的实验获得的新的自然知识，才有归纳的价值。培根认为亚里士多德演绎法中的许多概念都是模糊的，没有明确的定义。

　　培根主张现代优于古代，并且制定了一套获取知识的方法，以使人类更快提升。培根知道，此观念与他那个时代的流行偏见严重相左，一般人总把古代人视为无法超越的完美典范。他直面这个问题，声称虽然希腊人是"古代人"，但并不能因此就认为他们具有权威性。在培根看来，与他那个时代的人相比，希腊人只不过是一些孩子，因为相隔千百年的人类经验，他们还不够成熟。在这种对古代的不同评价背后，不仅有一种新的知识观，而且还有一种新的时间观，它不再是循环的，而是直线的和无限的。

　　把科学实验纳入认识论是培根哲学最突出的贡献。培根从一开始就站在方法论和认识论的高度来思考科学。培根作为实验科学的倡导者，提倡实验是获得科学知识的主要途径，主张真正的科学必须是实验与理性的密切结合。培根是归纳法的代言人，而归纳法与大量的实验和观察相结合，构成了许多科学的基础。因此，培根也就成了新科学的代言人。

　　我们知道在数学和逻辑中，演绎推理是从某些不证自明的前提（公理）出发，借助某些演绎规则而得到被证明的命题（定理）的。与演绎相反的是归纳，这种方法是把一个对有限数量的某类场合来说为真的命题运用到这种类型的所有场合。由归纳得到的结论可以被推倒，但永远不能被完全确认。纯粹的演绎推理根本就不会导致新的知识，因为结论已经蕴含在前提之中。演绎的答案是确定的，但对于寻求新知识来说可谓毫无结果。而在文艺复兴时期，要寻求的恰恰是新知识。

　　弗朗西斯·培根对作为科学理想的演绎大加抨击。其实演绎的缺点并不在于它可能是错误的，而在于它不提供新知识。但演绎在新的科学中起到了重要作用这一点似乎也是清楚的。具有决定意义的新知识在于假说、演绎推理和观察的一种动态结合，这种新的结合被称作演绎—推理方法。

培根蔑视假说。他设想，科学的发展是通过把实验和观察积累起来的实际数据汇集成庞大的数据表来完成的。比如，罗伯特·波义耳、罗伯特·胡克和艾萨克·牛顿等科学家们在不同程度上表达了他们各自对培根哲学的信奉。牛顿在其《自然哲学的数学原理》一书中探讨了归纳法的推广，即从可以实际对其进行实验的物体的属性或性质推到"一切物体的普遍属性"。牛顿指出，培根大概已经用某种方式充分证明了，"在实验哲学中，我们应当把那些从各种现象中运用归纳而导出的命题看作完全正确的，或者是非常接近于正确的，即使有任何与它相反的假说，在没有出现其他现象足以使它们更为精确或者更容易被驳倒之前，都应该持如此态度。"牛顿强调："这条规则，必须遵守。这样，以归纳为基础的论据才不会因假说而失效。"牛顿自己是"不做任何假说的"。

培根科学观中一个显而易见的不足之处就是，他没有认识到数学在科学理论中的重要作用。强调事实的积累而不是假说的构建固然好，但培根所谓的发展过程却轻视概念的更新。现已证明，在科学的发展中，概念的更新甚至比事实和限定性的归纳更为重要。

数学与实验的结合，由与培根同时代的科学巨人伽利略来完成。伽利略强调，获得正确的基本原理的方法是关注自然所说的而不是心智所喜欢的。他说，知识来源于观察而不是书本。伽利略也是以反对亚里士多德的哲学为起点的，他反对亚里士多德有关天体领域永恒不变，地球是一切运动的中心的观点，修正了亚里士多德的定性式的科学纲领，提出了"分解法""组合法""实验确证法"的定量式的科学纲领。

伽利略的科学纲领有四个基本特点。第一个是寻求物理现象的量化描述并以数学公式来表达。第二个是将现象中最基本的性质分离出来进行度量，这些基本性质即公式中的变量。第三个是在基本物理原理的基础上建立科学理论。第四个是理想化。伽利略期望通过直觉或关键性的观察和实验来抓住简单清楚的不变的数学原理，然后期望从这些基本原理中推导出新的定律，完全就像在数学中建立几何学那样。正是由于伽利略，一门运用数学语言（公式、模型和推理）和数量概念（质量、力、加速度等）的实验科学形成了。伽利略关于物理原理必须建立在经验和实验基础上的思想是革命性的、决定性的。

牛顿继承了伽利略的方法论，并无与伦比地展示了其有效性。牛顿的科学哲学将伽利略的科学研究纲领表达得更清楚：从清楚可证实的现象出发构造定律，通过这些定律用数学的精确语言描述大自然的运作。应用数学推理，可以从这些定律中推导出新的定律。

自然科学的兴起既不是单靠理论，也不是单靠实验，而是必须将两者结合起来。这是文艺复兴时期独有的，也是历史上第一次出现这种结合。在中世纪，只有神学和哲学。到了 17 世纪末，古典力学这个各门实验数理科学的基础被建立起来。此时与真理打交道的有三种思想活动：神学、哲学和科学。

16 世纪的英国著名物理学家吉尔伯特被公认为是实验科学的先锋，他以磁石和磁学实验闻名于世。他的《论磁》是实验科学的首批经典著作之一。他从实验中得出这样的结论：地球本身像一个巨型磁石，它的两个磁极非常靠近地理上的两极。这就是罗盘里的磁石会指向南北方向的原因。他的先驱工作得到了伽利略的赞扬，他的关于磁的相互吸引现象实验则启发了牛顿对引力的研究。

17 世纪，英国著名化学家罗伯特·波义耳牵头成立了英国的"物理数学实验知识促进学院"。这也是后来著名的英国皇家学会的前身，其首任实验主管是波义耳的助手、物理学家罗伯特·胡克。实验科学的兴起，使得科学从哲学中独立出来。

18 世纪，实验科学的兴起推动了近代化学的产生。1789 年，法国科学家安托万－洛朗·拉瓦锡出版了他的《化学基本论述》，在化学中引起了一场科学革命。1784 年 1 月 15 日，英国科学家亨利·卡文迪许演示了他的人工空气在燃烧时产生了水，这是一条令人震惊的新闻。亚里士多德曾经认为，水是组成所有物质的四大元素之一。但是如果气体会产生水，这就从根本上否定了构成万物的希腊的四元素说，从而也就否定了亚里士多德的权威。

19 世纪，实验科学变成了科学中具有决定性的力量。19 世纪末，科学史上唯一获得过诺贝尔物理学奖和诺贝尔化学奖的伟大女科学家居里夫人，与她的科学家丈夫皮埃尔·居里历时四年，做了 5677 次实验，发现了镭。镭的发现对人类做出了巨大的贡献。

20 世纪，实验科学已成为一门独立的科学。

神即自然：上帝是个数学家

伟大的物理学家爱因斯坦在谈到关于上帝的问题时，强调他相信斯宾诺莎的上帝，这个上帝就是自然，神即自然！

17世纪荷兰伟大的哲学家斯宾诺莎是近代泛神论的代表人物。他是一位终身修眼镜的眼镜匠，不接受任何邀请担任任何职务。他是一位纯粹的哲学家，广受当时欧洲知识界的尊重。斯宾诺莎与笛卡儿一样，是一位唯理主义者，即都相信从"不证自明"的"天赋观念"通过严密的推理可以建立完全的知识体系。但两人的出发点不同，笛卡儿是从"我思"开始普遍怀疑的，而斯宾诺莎则用"神即自然"取代了笛卡儿的"我思"作为其哲学的出发点，并强调哲学要从自明的起点出发。笛卡儿的"我思"是经过怀疑才抽象出来的公理，并不是清楚明白的，"我"不是自明的，自明不需要过程，"我"还需要另一个"我"来认知，所以会陷入无穷后退的窘境。斯宾诺莎将"神"或"自然"确定为真正清楚明白的公理，是唯一实体。这样的话，上帝就从超然物外的地位走进了自然，自然到处都是神，自然本身就是神，神即自然！斯宾诺莎的神是内在于自然而不是超越自然的，他把自然神论中那位超越的神变成了内在的神。斯宾诺莎的泛神论构成了从自然神论过渡到无神论的中介。

在传统的神学中，神和自然是两个决然对立的东西。神之为神，就在于它是一个超自然的东西。现在，斯宾诺莎居然把神和自然看作同一个东西，这显然是对传统神学的极大亵渎。斯宾诺莎从根本上否定了传统神学意义上的神，即具有人格、意志、干预人间事务的超自然的神的存在。他认为作为万物本源的神，就是自然。这实际上是一种特殊形式的唯物主义和无神论，即泛神论的唯物主义和泛神论的无神论。

所以最后无神论就是说，神既然已经内化于自然，那么直接面对自然就可以了。这使得西方基督教世界伟大的思想家们有了理性研究上帝的神学依据，用归纳、演绎、逻辑、数学研究自然，其实也就是研究上帝！因为神即自然！

斯宾诺莎、笛卡儿和莱布尼茨同属于古典唯理论学派。作为一个唯理论体系的构造者，斯宾诺莎和笛卡儿一样受到欧几里得几何学的启发。斯宾诺莎也是一个演绎主义者，他与笛卡儿一样崇尚数学。斯宾诺莎相信人类理性有能力借助于公理和演绎推理而获得绝对确定的洞见，他对此很有信心。

斯宾诺莎的代表作《伦理学》同时研究伦理学和形而上学。在结构上，该书以欧几里得的《几何原本》为基本模式，从八个定义和七个命题入手，演绎出若干形而上学－伦理学结论。斯宾诺莎确信哲学和神学原则上是不同的东西。哲学是一门以真理为目标的科学，而神学则不是一门科学，它的目标是虔诚的生活所必需的实践行为。因此，文艺复兴时期的科学家所面临的任务，就是调和天主教教义与希腊人的数学自然观。

在文艺复兴时期，数学受到知识分子的重视。随着新的影响、知识和革命运动席卷欧洲，人们对中世纪的文化和文明产生了怀疑和不信任，知识分子们要为其知识的建立寻找新的、坚固的基础，而数学则提供了这样一个基础。数学是唯一被大家公认的真理体系，数学知识是确定无疑的。于是，人们开始通过数学来寻求自然的真理。

中世纪神学的专制使得数学家和自然哲学家得到这样一个启示，即所有自然界的现象不仅相互关联而且还按照一个整体的规律运转 —— 自然界的一切运作都遵循着一个由始因规定的方案。那么神学中上帝创造宇宙之说又怎么能够同寻找大自然的数学规律并行不悖呢？这些欧洲的知识精英们想起了古希腊柏拉图曾在"天空的数学化"过程中反复强调"上帝是个几何学家"这一论断，于是古希腊的毕达哥拉斯－柏拉图主义坚持数学是物质世界的基本属性这一观点得到了复兴。为了调和天主教教义与古希腊的数学自然观，文艺复兴时期的精英们提出一种新的科学纲领：上帝是个数学家！上帝是按数学方式设计出大自然的。上帝将严格的数学秩序注入世界，人们只有通过艰苦的努力才能理解。换句话说，把上帝推崇为一个至高无上的数学家，使得寻找大自然的数学规律一事成为一项合法的宗教活动。笛卡儿强调，世界的和谐是上帝的数学安排，自然定律是永恒不变的，因为上帝的意志永远无法改变。

就这样，通过使上帝成为一名杰出的数学家，使人们坚信上帝已经使世界成为一个不变的数学系统，他允许通过数学方法获得科学知识的绝对确定性。所以科学的目的就是发现所有自然现象的数学关系，并以此解释所有自然现象，从而揭示上帝所进行的伟大创造。伽利略说："上帝在自然界万千变幻中向我们展示的令人赞叹的东西，并不比《圣经》字句中的少。"

科学起源于用数学解释自然界这种信念，在文艺复兴时期得到了强化。文艺复兴时期的科学家，是作为数学家从事对大自然的研究的。

英国的自然神论思潮也在 18 世纪的法国得到广泛的传播。自然神论强调，上帝虽然创造了自然，但却在自然之外，不干预自然，而是以一种超然的态度欣赏自然、超越自然。法国唯物主义者批判了笛卡儿的"形而上学"，汲取了其物理学中的唯物主义，并把它发展为机械唯物主义体系。从 18 世纪 20 年代起，法国启蒙运动逐渐开展起来，早期启蒙运动的主要代表有伏尔泰、孟德斯鸠和卢梭等。在哲学上，他们主要以自然神论为武器批判宗教唯心主义，鼓吹人本主义的历史观，抨击封建专制主义。

18 世纪中叶，法国著名的唯物主义者、无神论者主要有狄德罗、拉美特利、爱尔维修和霍尔巴赫。狄德罗是"百科全书"派的领袖，他主要从事物质和运动、物质和意识的关系的研究。拉美特利哲学的特点主要在于继承和发展了笛卡儿物理学中的唯物主义，提出了"人是机器"的著名命题。爱尔维修着重把洛克的经验论运用于社会生活，提出了"人是环境的产物"的著名论断。霍尔巴赫则力图把 18 世纪唯物主义系统化，创立一个完整的机械唯物主义体系，即他所谓的"自然的体系"。

18 世纪启蒙运动在哲学上之所以能够取得重大突破，和这一时期自然科学获得新的进展密切相关。18 世纪欧洲自然科学的发展状况有一个重要的特点，就是牛顿力学的普及。18 世纪初，一些先进思想家，如伏尔泰，把牛顿力学介绍到法国。因此许多法国启蒙思想家都是牛顿学说的热烈信奉者和传播者。一些启蒙思想家从牛顿学说直接引出了自然神论的哲学结论，还有一些启蒙思想家则力图对牛顿学说作出唯物主义和无神论的哲学概括。牛顿力学是当时唯一称得上具有严谨的体系和精确性的科学。随着牛顿力学的普及，用数学力学的观点观察一切机械论的思维方法便成了统治一个时代的普遍的思维方式。

自然之书是用数学的语言写成的，如果你不懂数学符号，就完全读不懂这本书，因为自然之书需要用数学来破译。数学证明的方法是以自然的真正结构为根据的。创作这部自然之书的上帝是一位数学家。自然是上帝的启示，它绝对具有最高理性，因此牛顿认为要达到神的理性肯定得通过宗教。宇宙法则的数学化产生了巨大的社会影响。18 世纪的奥地利音乐家弗朗茨·约瑟夫·海顿在由诗篇得到启示的清唱剧《创业》中写道："天空向我们提示神的荣耀。"

虽然仍旧相信自然界是数学设计的，但 18 世纪人们最终还是抛弃了这个信念的哲学和宗教基础。宇宙是上帝设计的这一哲学思想的核心教义，逐渐被纯粹数学和物理的解释所替代。对于纯粹数学和物理来说，完全抛弃上帝及任何建立在它的存在性上的形而上学原理是由拉普拉斯提出的。当拉普拉斯送给拿破仑一部他著作的《天体力学》时，拿破仑问道："这部关于宇宙系统的大作，上帝在哪里？"拉普拉斯回答："陛下，我不需要那个假设！"

最终，科学的归科学，信仰的归信仰。

六

人与自然的关系：人类中心主义的消失

古希腊的智者派代表人物普罗泰戈拉曾说过"人是万物的尺度"，这是人类中心主义的最早宣言，即人处于自然的中心、宇宙的中心。到了中世纪，神学开始以托勒密的宇宙体系为根基。这个体系以地球为中心，所以在地球上的人具有独特的地位。世界是一个有限的、封闭的、按照等级结构组织起来的体系；太阳、星星和月亮都是上帝为人创造的。这一体系既满足了人的内在虚荣，也满足了神学的基础。当上帝存在时，人虽然不是自主的，但人是上帝之子，得到了特别的恩宠。然而在上帝的眼中，人天生是不完美的，亚当和夏娃对于上帝旨意的反叛，已经使所有人在出生时便蒙上了"原罪"。当然，人仍然能够变得完美，但只能通过与上帝的关系实现，祈祷获得上帝的恩典！在这个意义上，当日心说把太阳放在宇宙的中心后，就违背了上千年来人们已经习以为常的教义。日心说让人感受到那些行星只不过是宇宙中漂泊的流浪汉，而人只是依附在行星上的毫无意义的尘埃，不是处在宇宙中的主宰地位，也好像不是上帝要拯救的唯一对象。日心说动摇了基督教的基石，使整个神学体系陷入崩溃的境地。

在人与自然的关系上，中世纪的自然观是把人放在核心地位。直到伽利略生活的时代为止，人们还总是理所当然地认为，人和自然是一个更大的整体中不可分离的部分，在这个更大的整体中，人的地位更根本。

古希腊的德谟克利特通过提出原子论，认为在物理世界中存在的物质与运动是真实的，这是第一性质的；而人的感官的主观感受是第二性质的东西。17 世纪，伽利略继承了这种思想，并对世界上的两种东西进行了明确的区分：一种东西是绝对的、客观的、不变的和数学的，这是第一性质的；另一种东西是相对的、主观的、起伏不定的和感觉得到的，这是第二性质的。伽利略断言：第二性质是主观的，是在自然中真实存在的第一性质对人的感官刺激引起的效应。这种划分把人从第一性质的世界中排除了。显然，人不是一个适合于数学研究的对象，人的行为不能用定量方法来处理。人是一个充满色彩和声音，充满快乐和悲伤，充满热爱、野心和奋斗的生命第二性质的东西。因此，真实世界必定是在人之外的世界，是天文学的世界，是地球上静止和运动的物体的世界。

伽利略的这种第一性质和第二性质学说，把人从伟大的自然界中流放出来，并处理为自然演化的产物，这是一个根本的进步；笛卡儿认为人至多不过是一系列第二性质的集合，他根据这种第一性质与第二性质的划分，创造了心物二元论。一个自然的物质世界是机械的、数学的世界；另一个是人的情感世界。那个机械的、数学的世界是自然的实在本质，而人只是自然的旁观者。正是由于排除了人在自然的中心地位，现代科学才开始兴起。

伽利略和笛卡儿使人成为一个第二性质的、非实在的王国。笛卡儿确实维护了人的独立性，但是他似乎使人的地位和重要性变得更贫乏、更次要、更有依赖性。那个真实的物理世界是广延和运动的数理王国，人只是一个无关紧要的存在，在这个指导思想下，人们开始用科学去深入理解自然的内在规律。

按照神学唯心主义的观点，人是上帝的宠儿，人之所以高贵就在于其本质上是一个精神实体。在人身上，灵魂独立于并且高于肉体，肉体不过是灵魂的躯壳，为灵魂所主宰、支配。针对这种神秘主义观点，以狄德罗为代表的法国唯物主义者，在欧洲哲学史上第一次明确提出，人脑是思维的器官，思维是人脑的机能。显然，这个观点对于反对神学唯心主义、克服二元论、坚持唯物主义一元论都具有重大意义。

孟德斯鸠是法国启蒙运动的开创者之一，其代表作是《论法的精神》。孟德斯鸠的自然神论与众不同，其特点在于把"法"当作他的哲学思想的中心范畴。孟德斯鸠肯定物质世界及其运动规律的客观性，认为自然界是运动着的物质，是受自然界固有的规律支配的。更为重要的是，孟德斯鸠否定上帝的万能，认为上帝也为"法"所制约。在他看来，上帝和万物一样，都受自身固有的"法"的支配。在孟德斯鸠看来，世界就是物质按自身的规律运动的过程。天体、地球、海洋和大陆等都处于不断生灭变化之中，没有永恒不变、万古长存的事物。和神学唯心主义相反，孟德斯鸠认为地球不过是浩瀚无垠的宇宙中的"一粒原子"，人作为一个物理的存在物，和一切物体一样，也是自然界的组成部分，已经不处在宇宙的中心了。显然，这是一种鲜明的唯物主义观点。

自然是冷酷的、客观的。自然运行的客观规律不以人的意志为转移，独立于人的主观想象。当把人排除在对自然观察的对象之外时，人就成了一个无所事事的、盲目的存在。英国哲学家罗素说，人在一个宇宙的目的论中没有高官厚禄可言，他的理想、他的希望、他的神秘的狂喜，不过是他自己错误的热情想象的创造。在这个按照时间、空间和无意识的原子从力学上来加以解释的真实世界中，那些东西没有名分，也不可能应用于这个真实世界。他的地球母亲只是无限空间中的一颗尘埃，甚至他在地球上的位置既不重要也不稳定。总之，他任凭一股盲目力量的摆布，正是这股力量不知不觉地碰巧把他抛入存在之中，但也有可能在不久之后就会不知不觉地扑灭他那小日子的蜡烛。他自己以及他所珍爱的一切，都会在时间的历程中逐渐被"埋葬在宇宙的废墟中"。

虽然在人与自然之关系的探讨中，西方科学先驱者把人排除在自然之外，这样可以客观理解自然的内在规律，但这种探索最终仍是为人服务的。在工业革命中，机器取代了人力，是为了解放人。而在信息革命中，人工智能又将取代机器，是为了成就人。这样看来，人始终处于自然的中心地位。

第六章

自然的数学化

中世纪的经院哲学为科学披上了神学的外衣，使得科学在这神圣的光环下成为一种社会所必须接受的东西，从而可以作为宗教神学的一部分在神学体系中缓慢发展。科学与哲学相结合，同时与神学相分离，以自然哲学的方式解释自然，成为近代科学形成的起点。在这一过程中，科学中的严密数学化运动成为一股强大的思潮。在文艺复兴时期的科学中，"自然之书"被认为是用数学语言写成的，每一种自然现象都遵从数学定律；几何学超越了那些可借助直接感知而获得的关于自然现象的知识，可以把握自然的内在结构，因而物理学和天文学的规律是用数学语言表述的。

科学纲领的数学化：柏拉图的复仇！

中世纪的物理学和宇宙论被认为完全基于亚里士多德的自然哲学，与 17 世纪出现的新科学互不相容。亚里士多德的自然哲学被视为新科学诞生的主要障碍，基于这一观点，只有推翻它，科学革命才可能取得成功。就科学史而言，亚里士多德的自然哲学在中世纪晚期发生的最重要转变集中表现在对运动的讨论上。

亚里士多德认为，运动分为"自然运动"和"人为运动"两类。天体运行是自然运动，圆周运动是完美的形式。地球上的物体运动总是趋向于自己在宇宙中的自然位置。亚里士多德也认为地球是宇宙的中心，那么重的物体的自然位置必然是趋向地球中心的，所以它们向下落；而气体和火焰这些轻的物体的自然位置是天空，所以它们向上飘。显然，重的物体下落得快，轻的物体下落得慢。亚里士多德思考的是运动的原因，然后基于直观的观察给予解释。亚里士多德认为重的物体比轻的物体下落得快这一理论，也符合人们的直观常识。

直到伽利略时代，人们对人为运动和自然运动之间的区别开始有点不满。一块石头用手投出去是人为运动，从高处落下来就是自然运动，两者难道完全不可比吗？伽利略用数学和逻辑来考虑重物下落问题，但是他并没有思考"为什么"下落，而是思考"怎样"下落。认为运动是"怎样的"问题比"为什么"运动的问题更能体现科学的特征，因为"为什么"是寻求目的，而"怎样的"则是寻求一种简单的过程描述。由此，伽利略想到了一个科学史上著名的思想实验。

伽利略考察了亚里士多德的两个有关落体的基本论断：根据自然运动假设，越重的物体下落得越快；根据人为运动速度与阻力成反比的假设，当轻的物体（下落得慢）和重的物体（下落得快）在一起时，下落得慢的物体将阻碍下落得快的物体。伽利略设想，如果就石头而言，人为运动与自然运动本身并没有差别，那么可以想象，当把一个重的物体和轻的物体用绳子连在一起时，据第一个论断，它们的总重量增加了，应该落得更快。据第二个论断，轻的阻碍重的下落，下落速度应在轻重两物单独落下之间，这是一个悖论。就这样，伽利略没有在亚里士多德理论中添加任何新的条件，只是把他的几个论断联系起来，赋予一种构造性来进行考察，从而发现了亚里士多德理论的问题。

伽利略第一个认识到，关于自然界中发生的事件的原因和结果的形而上学的神学解释，远远不能告诉人们关于自然的科学知识，这种形而上学的解释也无法提示出自然界运动的奥秘。鉴于此，他提出要以一种关于现象的定量描述取代那些神学玄想。比如，他提出这样的科学定律：一个单摆完成一次摆所需的时间与摆的振幅无关。只讨论过程，没有讨论摆动的原因。于是，伽利略放弃了亚里士多德对于运动原因的解释传统，而重点关注运动的过程，并通过数学对这一过程进行定量化。

于是，伽利略决心寻求描述自然行为的数学公式。受哥白尼用数学描述天体运动的启发，伽利略把目光转向了地球上人们日常生活中物体的运动现象。这样，把物体的运动现象还原为严密数学就成了伽利略的重要使命。伽利略把严格的数学方法自然而简单地应用于复杂多变的运动力学关系的结果是，开创了一门新的科学——运动力学。在那个时代，数学和天文学发展的新柏拉图主义图景已经渗透到这位意大利科学家的心灵之中。

中世纪留给近代早期科学的一份重要遗产是一套广泛而复杂的术语，它们构成了科学讨论的基础，比如"潜能""现实""实体""属性""原因""类比""质料""形式""本质""属""种""关系""量""质""位置""虚空""无限"等。这些亚里士多德术语是经院哲学的重要组成部分。

对伽利略来说，物理学理论的建立依赖于从一个概念逻辑地推导出另一个概念，这些概念在分析的各阶段都有可能保持与观察相符合，能够测量和定量化。因此，伽利略着手将运动中能够测量的物质的特征分离出来，然后将它们与数学定律相结合。对于自然现象，现在我们不是按照亚里士多德的传统概念如实体、外延、因果性、本质、观念、形式、质料、可能性和现实性等来解释自然，而是要按照一些全新的概念，如空间、时间、重量、质量、速度、加速度、惯性和力来研究自然，后来的科学家又补充了能、能量和其他概念。这些概念在征服自然界、使自然界理性化的过程中，具有重大意义。

我们必须认识到，科学不是一系列由实验或理论推导出来的事实，一门科学的真正建立就是一个理论纲领，这个纲领以首尾连贯一致的形式、关系、理论体系阐明一系列看起来似乎互不相关的事实，而且这个理论体系能够推导出关于物理世界的新结论。单个事实或实验本身几乎没有价值，而有价值的是把它们联系起来的理论。

伽利略的科学纲领中包含三个主要特征：第一，找出物理现象的定量描述，并使它们能包含在数学公式中；第二，分离出并测量最基本变量的性质，这些变量在公式中构成一种函数关系；第三，在基本的物理原理基础上，建立起演绎科学。从本质上看，这个纲领提出了关于科学目标的一整套新观念，使科学理论将大量的事实联系起来，从而形成了能从一系列公理中进行演绎的数学定律体系。在伽利略的科学纲领中，建立数学模型是最重要和最基础的。伽利略通过数学的毕达哥拉斯－柏拉图主义变革了根深蒂固的亚里士多德科学纲领，从研究运动的"原因"转向关注运动的"过程"，并使"过程"定量化，伽利略最终把物理学语言从亚里士多德式的因果性和定性描述变为伽利略式的"过程"描述和定量测量。这一科学纲领开创了近代自然数学化的历程，建立了力学科学，对西方科学的进程产生了深远影响。伽利略把柏拉图击败亚里士多德的胜利描述为："柏拉图的复仇！"

自然的数学化运动：数学是把钥匙

近代科学就是寻求对自然现象进行独立于任何形而上学解释的数学定量描述。古希腊毕达哥拉斯－柏拉图主义传统的复兴构成了自然数学化运动的主要思想来源。毕达哥拉斯学派认为世界本质上是一个数学结构。柏拉图坚持数学是通往理念世界的必经之路。1000多年前柏拉图"拯救现象"的呼吁是自然数学化运动的先声。

伽利略在其《试金者》一书中有一段名言可以看成是自然数学化运动的宣言："哲学被写在那本曾经展现于我们眼前的伟大之书上，这里我指的是宇宙。但是如果我们不首先学会用来书写它的语言和符号，我们就无法理解它，这本书是以数学语言来写的，它的符号是三角形、圆和其他几何图形，没有这些符号的帮助，我们简直无法理解它的片言只语，没有这些符号，我们只能在黑夜的迷宫中徒劳地摸索。"

伽利略说，要是亚里士多德看到了我们的新观察，他就会改变主意，因为他的方法在本质上是经验的。感觉和经验并没有给予我们这样一个理性的秩序，这个理性的秩序是数学的，只有通过公认的数学证明方法才能得到。伽利略的自然观和数学观使他置身于从毕达哥拉斯到柏拉图的那个传统之中：自然的本质是数学。数学理性是我们用来把握自然之本的唯一工具，感觉和经验必须受到数学理性的引导。实在的最内在的本质是数学的，所有变化中不可变化的是数学形式。

自然界是简单而有秩序的，它按照完美而不变的数学规律运行着，上帝把严密的数学规律注入自然，人只有通过艰苦努力才能理解这个数学规律。因此，数学知识不但是绝对真理，而且像《圣经》那样，每句每行都是神圣不可侵犯的。实际上，数学更优越，因为人们对《圣经》有许多不同的意见，而对数学的真理则不会有不同的意见。伽利略说，在数学中，我们拥有的是自然本身可能具有的那种绝对确定性。这里我们把自己提升到人类知识和上帝知识合二为一的神圣层面："关于人类理智所理解的少数数学真理，我相信我们的知识可以具有与神圣知识同样的确定性。"因此，在数学领域没有任何妥协的余地，谁敢纠正上帝？

从自然数学化运动这个角度看，传统的科学革命叙事把哥白尼作为这场革命的发起者。哥白尼的天文学提供了数学理性战胜感觉的卓越例子。哥白尼执着于改造托勒密体系的数学简单性，不惜把宇宙的中心位置从地球转到太阳。驱使开普勒、伽利略等人追随哥白尼的，正是哥白尼体系所包含的数学上的简单性。

开普勒是坚定的哥白尼主义者，他醉心于宇宙和谐的简单性、艺术性，对天文学的问题进行严密的数学化处理。开普勒完全确信，宇宙基本上是数学的，一切真正的知识必定是数学的。解开世界之谜的钥匙不是经院派的逻辑，而是数学证明。逻辑是批评的工具，数学是发现的工具。而哲学力图说明的东西不过就是感官所揭示的世界。开普勒的三大宇宙

2

定律，完美地拯救了现象，数学的天空是柏拉图式的，如此的纯净。

开普勒也宣称，世界的实在性由其数学关系构成，数学定律是现象的真正起因。伽利略说，数学原理是上帝描绘整个世界的字母，没有数学原理的帮助，就不可能了解任何一种现象，人们只能徒劳地在黑暗的迷宫中徘徊。事实上，物理世界的性质只有用数学表示出来才是真正可知的。世界的结构和行为是数学的，自然界按照亘古不变的数学定律运行。

笛卡儿认为，自然的数学定律是由上帝确立起来的，上帝意志的永恒不变性可以推导出来。笛卡儿通过著名的"我思故我在"论证了上帝的存在。

笛卡儿认为，就物体本身来说，其基本性质是广延和运动。就不同的物体而言，形状、密度以及组成物体微粒的运动也不同，这些性质可用数学术语进行描述。笛卡儿坚信，数学必定是开启自然真理大门唯一合适的钥匙。在笛卡儿看来，只有上帝和人类精神不受这些定律的约束。简言之，真实的世界就是一个可以用数学表达出在时空中运动的整体。整个宇宙是一架庞大的、和谐的、用数学设计而成的机器。

伽利略和笛卡儿都认为，任何科学分支都应从数学的道路上获取收益。数学从"公理——清楚明白不证自明的真理"出发，通过演绎推论而建立新的真理。据此，任何科学分支都应从公理或原理出发，然后进行下去；不但如此，还应从公理推出尽量多的结果。

在物理学中和在数学中相反，基本原理必须来自经验与实验。寻求正确而基本的原理的道路是，要注意什么是自然界说的，而不是注意什么是心之所愿的。对于中世纪的思想家无休止地重复亚里士多德的话并且争论其含义，伽利略批评道：知识来自观测，而并非来自书本。他建议用实验去考核推理的结果，并且去获得基本原理。

牛顿完全认同伽利略的过程比原因重要的科学纲领，他说："但我迄今为止还无法理解引力的本质，我也不构造假说……对我们来说，能知道引力确实存在着，并按我们所解释的定律起作用，并能有效地说明天体和海洋的一切运动，即已足够了。"

当牛顿完成他的伟大著作《自然哲学的数学原理》时，自然的数学化运动达到顶峰，而这却是科学的数学化的开端。

自然数学化的基本范畴：时间与空间

亚里士多德说："不了解运动就不了解自然。"也就是说，自然界能够由数学定律进行分析和演绎。但是，这个过程应该如何开始呢？在研究中应该选择哪些现象呢？哪些概念是最根本的，同时又能用数学表达出来呢？

对伽利略来说，真实世界是处于空间和时间之中的，在数学上可以测量的运动的世界。对怎样运动进行数学研究，必然要把时间和空间的概念推到一个显著地位。正是空间已经与物体、运动、大小区分开来，成为一个独立的、无限的存在。时间也不只是运动的计数，而成为一个与运动无关的独立存在。这样一来，自然便从处于性质关系和目的论关系中的实体的王国，转变为在空间和时间中机械地运动的物体的王国。

笛卡儿坚信，自然只有物质、运动和广延这三个基本范畴。而广延实质上就是空间，这在笛卡儿看来完全是几何学的王国。于是，空间被几何化，物质被空间化，时间被等同于数的连续性，从而为自然数学化奠定了哲学基础。时间与空间通过自然的数学化运动成为现代科学两个最基本的范畴。

牛顿对时间和空间的解释，最初是从有神论的角度做出的。时间和空间对于牛顿来讲不仅仅是用数学处理运动和引力现象的框架背景，还有一种根本的宗教含义，这个含义对牛顿来说至关重要；时间和空间意味着上帝从永恒到永恒的无所不在和无限存在。在牛顿的心目中，绝对时间与绝对空间就是上帝存在的表达。我们怎样才能知道存在着绝对的时间、空间和运动这样的东西呢？牛顿的回答实际上是这样的：通过它的某些性质我们能够知道绝对运动，而绝对运动蕴含了绝对时间和绝对空间。

牛顿在 40 多岁时就总结出了《自然哲学的数学原理》。牛顿在开普勒三大定律的基础上，对时间和空间有了进一步的认识。他把哥白尼、开普勒的天文革命时空观念和伽利略、笛卡儿的运动理论综合在一起进行思考，认为空间是立体的，而且他把空间作为绝对空间，与物质运动无关。他把空间和时间分割开来，对时间没有明确定义，而是一个自然流动的非负均匀变化轴，那么相对于当时的社会科技水平，他想到的这一步是一个伟大的进步。同时他认为运动是物质存在的方式，这是一个重要的思想。

自牛顿开始，绝对时间就一直是物理学的一个支柱，它意味着时间"实际"存在着，不因对它的任何观察而自行流逝。牛顿继承和发展了伽利略的时空观，时间和空间彼此独立、互不相关，且不受物质和运动的影响。时间没有起点和终点，但有方向，时间是永远存在的"河流"，没有涨落也没有波涛。如果物质消失了，时间和空间仍然存在。牛顿抽象出了绝对空间，空间坐标独立于一切，与时间割裂开来。牛顿在《自然哲学的数学原理》中说："绝对的、真实的和数学的时间，由其特性决定，自身均匀地流逝，与一切外在事物无关。"也就是说，时间有其自身的本性，它不依赖于任何"外在的"东西，且与世界的存在与否没有关系。伴随着绝对时间永不止息的流逝，一切都从永恒而来，又向永恒而去，从无限的过去而来，又向无限的未来而去。

在物理学中，时间的均匀流逝使得物理学定律看起来非常简单，所以在牛顿的定律中没有时间因素。比如，牛顿第二定律就不会明显含有时间。第二定律说：一个物体的加速度与这个物体所受到的力成正比，正比系数反比于物体的质量。如果时间不是均匀流逝的，那么牛顿第二定律也许还成立。但质量可能与时间有关，比如一个昨天还很重的物体，今天可能就变轻了。

物理学定律与时间无关非常重要，因为这样一来，世界看上去就比较简单，更容易被理解。然而即使是牛顿，似乎也对无法直接观察这些概念感到不满。牛顿承认："绝对时间并非知觉的对象。"他依靠神的在场来帮助他走出这个困境。"神的延续从永恒达于永恒，神的在场从无限达于无限，他构成了延续和空间。"

关于绝对空间，牛顿在《自然哲学的数学原理》第一章中写下了这段名言："绝对空间，其自身特性与一切外在事物无关，处处均匀，永不移动。相对空间是一些可以在绝对空间中运动的结构，或者是对绝对空间的量度；我们通过它与物体的相对位置而感知它；它一般被当作不可移动空间，如地表以下、大气中或天空中的空间，都是以其与地球的相互关系确定的。绝对空间与相对空间在形状与大小上相同，但在数值上并不总是相同。例如，地球在运动，大气的空间相对于地球总是不变，但在一个时刻大气通过绝对空间的一部分，而在另一时刻又通过绝对空间的另一部分，因此，在绝对的意义上，它是连续变化的。"

牛顿的绝对空间也是日常经验的空间，它有三维：东西、南北、上下。日常经验告诉我们，有且只有这么一个空间，它是全人类、太阳、所有行星和恒星所共同拥有的空间。我们都在这个空间里以自己的方式和速度运动，不论如何运动，我们感受空间的方式都是一样的。这个空间让我们感觉长、宽、高，而依照牛顿的观点，不论如何运动，只要测量足够精确，我们对同一物体总会得到相同的长、宽、高。

空间就像时间，它并不直接地或在本质上与世界和物质相联系。这个世界当然不仅处于时间之中，而且也处于空间之中；但即使没有世界，也仍然会有空间。牛顿直截了当地说出了它到底是什么：它是上帝的空间。

绝对时间和绝对空间是牛顿力学的基本框架和标志性概念，由此引出后来的宇宙在时间和空间上的无限概念。按照牛顿力学，如果时间不是绝对的，则必然要考虑时间的起点和终点问题。而要使得这一体系永远维持其稳定性，空间又必须是真正的空，而且在尺度上也必须足够大，必须没有边缘，否则牛顿必须回答自己无法解答的空间的起点问题。牛顿本人心里很清楚，自己没能彻底解释时间和空间的真实本性，最终便把一切绝对的、无限的性质归结于上帝。

18 世纪，当"上帝的存在"这一假设被忽略时，绝对时间和绝对空间的神性便消失了，时间与空间这两个实体成为空洞的和绝对的。时间和空间变成质量运动的纯粹的固定的几何度量。时空神性的丧失完成了自然的非精神化。

时间的数学化：时间是运动的度量

　　对于时间的理解，中世纪的圣·奥勒留·奥古斯丁有着精彩的时间观点。有人曾提出疑问：上帝为什么没有早些创造世界呢？奥古斯丁回答：不存在"早些"的问题。时间与世界是上帝同时创造出来的。上帝是永恒的，在上帝那里，没有所谓"以前、以后"，只有永远的现在。上帝是超脱于时间之外的，对他而言，一切时间都是现在。他并不先于自己所创造的时间，如果是这样，他就存在于时间之中了。正是以上推理，使奥古斯丁写出了令人叹服的时间相对理论。他说："至于什么是时间，在没人问我时我非常清楚；可一旦要向别人解释，我就有点糊涂了。"这种现象让他百思不得其解。他说："实际存在的时间既不是过去，也不是未来，只是现在，而现在只是一瞬间。"他又说："虽然如此，但还是有过去和未来的时间。于是，我们就好像被带入矛盾之中了。"为了避免出现这一矛盾，奥古斯丁想到了一个办法，他认为：过去和未来只能被想象为现在，"过去"与回忆是同义词，而"未来"则与期望是同义词。他说时间有三种："过去事物的现在是回忆；现在事物的现在是视觉；未来事物的现在是期望。"他又说："将时间分为过去、现在和未来只是一种大概的说法。"

他知道这种理论不可能解决一切难题。他说："我渴望找出这个复杂谜语的答案。"他祈祷上帝给他启示，还向上帝保证道："主啊！我向你坦白，我依然无法确定时间、空间为何物。"但后来他对如何理解"时间"做出以下解答：时间是主观的，它存在于期望者和回忆者的精神之中。因此，如果没有被创造之物，也就不可能有时间，那么谈论创造以前的时间是无意义的。英国哲学家罗素评论说：很显然，这一理论是杰出的。

基督教对普世时间的强调，首先体现在历法上的线性时间观。儒略历是公元前 45 年由罗马共和国独裁官盖厄斯·儒略·凯撒发起的历法改革。这一改革利用希腊化天文学知识，把一年划分为 12 个月，年平均长度为 365.25 日。儒略历是阳历，它比较符合地球上节气的变化，对农业生产很有利，所以很受人们的欢迎。325 年，基督教规定儒略历为教历。由于在实际使用过程中累积的误差随着时间越来越大，1582 年罗马教皇格里高利十三世宣布改革历法，并颁布了新的历法，称为格里高利历，即公历。我国从民国元年即 1912 年开始采用格里高利历，但同时保留了我国自己的阴阳合历即农历。

最早把时间作为一个可计量的参量用于研究有规律的运动的人是伽利略。当年伽利略在教堂祈祷时，根据自己的脉搏来测量钟的摆动，最终发现了钟摆运动的基本规律：它的摆动周期与其摆幅无关。伽利略发现，时间是离散的，即时刻的前后相继，没有两个时刻同时出现。因此除了此时此刻外，没有什么东西存在或出现。但是此刻在不断地变成过去，一个未来的时刻正在变成此刻。因而从这个观点来看，时间总是处于酝酿状态，直到它收缩成为过去和未来之间的一个数学极限。于是，时间被设想为均匀的数学连续体，从无限的过去延伸向无限的未来。伽利略后来指出，时间能够给出数学表示，因为时间的时刻只不过是数！因为数前后相继，时刻在时间上也前后相继。真正确定时间观科学地位的是牛顿。牛顿所做的贡献在于，把时间与空间绝对化，使时间和空间成为研究定量化运动的基本范畴。

17 世纪的发明，除了望远镜，还有一种对于研究至关重要的仪器，那就是摆钟。伽利略发现，振动周期不依赖于振幅，而只取决于摆长。惠更斯把摆与古老的齿轮钟结合成一种准确性前所未有的摆钟。惠更斯发现，严格说来，只有当摆被迫描出一条特殊的路径 —— 摆线（滚轮运动时，轮上一点所描出的曲线）时，摆的振动周期才真正不依赖于振幅。他个人认为，这是他的最大发现，这一发现使他发展出全新的数学技巧，它几乎已经是后来的微分运算了。

伽利略把自然界描绘为一部巨大的、自足的数学机器，这部机器由在时间和空间中进行的物质运动构成。

空间的数学化：从坐标几何到场

什么是空间？空间就是测度。伽利略开创了时间的数学化运动，笛卡儿则开创了空间的数学化运动。1619 年 11 月 10 日，笛卡儿清楚地记得这一天的梦境给他提供了一个非常具体的启示："数学是一把金钥匙。"从梦中醒来后，他即刻深信整个自然界就是一个巨大的几何体系。笛卡儿提出世界是由物质、运动和广延构成的，广延其实就是空间。他创立的解析几何统一了代数和几何，是近代数学的真正开端，也打开了空间数学化的一扇门。

英国哲学家摩尔提出了三个可能的空间观点，这些观点对牛顿产生了深远的影响。第一个观点是，空间是神的本质的广大或无所不在；第二个观点是，空间不过是物质的可能性，距离不是真实性质或物理性质，只是对感触到的合并的否定；第三个观点是，空间不是别的东西而是上帝本身。

牛顿继承了笛卡儿的空间几何化思想，又吸收了摩尔的空间无限绝对化思想，从而完成了绝对空间概念的数学化建构。

空间的数学化在 19 世纪达到高潮。非欧几何的发现使得人类对空间的认识又向前迈进了一大步；电与磁的"场"空间理论更使得空间数学化达到空前的高度，至今影响着科技发展。

欧几里得的数学经典著作《几何原本》里有很多公设。其实公设就是公理，由这些公理可以推导出所有的定理和推论。欧几里得在构建经典时空时有五条倚靠直觉的公设，其中第五条定义平行线的公设有些复杂。第五公设的内容是：同一平面内一条直线和另外两条直线相交，若在某一侧的两个内角的和小于两角，则这两条直线经无限延长后在这一侧相交，这就是著名的平行线公设。人们发现第五公设在逻辑上是独立于其他公设的：它不能从其他公设中推理出来。于是，很多人就想用前四条更基本的直觉观念去证明第五条。在《几何原本》问世后的2000多年间，很多非常聪明的人耗费了毕生精力也没能证明出来。直到19世纪，数学家罗巴切夫斯基和高斯先后独立发现，前人的证明多是错误的循环论证，平行线公设无法由前四条推理证明。由此，他们开创了一个不同于欧几里得几何的"非欧几何"。

19世纪20年代，罗巴切夫斯基提出了一个和欧氏平行公理相矛盾的命题，用它来代替第五公设，然后与欧氏几何的前四条公设结合成一个公理系统，展开一系列的推理。他在新的公理体系中展开的一连串推理，得到了一系列在逻辑上无矛盾的新的定理，并形成了新的理论。这个理论和欧氏几何一样是完备、严密的几何学。这种几何学被称为罗巴切夫斯基几何，简称"罗氏几何"。这是第一个被正式提出的非欧几何学。

1860年前后，高斯的学生、德国数学家黎曼敏锐地发现存在以下三种几何情况：椭球面上的三角形的三内角之和大于两直角，而双曲面上的三角形的三内角之和小于两直角，只有在平面上欧氏几何有关三角形的"三内角之和等于两直角"定理才能成立。于是，黎曼陷入了曲面几何学的"痴迷"状态，彻底抛弃了欧几里得。黎曼几何中的每一条定理，通过把定理中的直线想象为球面上的大圆，那么仅仅在球面上就能得到解释。因此就黎曼几何而言，我们能给出几何上、直觉上都令人满意的解释和意义。

黎曼统一了黎曼几何、罗氏几何、欧氏几何，并且预见物质的存在可能导致空间的弯曲，这为爱因斯坦的广义相对论奠定了数学基础。黎曼关于空间可以是无界的而不是无限的这一观点启发了爱因斯坦对宇宙是有限无界的可能性判断。人们最终发现，欧氏几何、罗氏几何、黎曼几何这三种几何学，都是常曲率空间中的几何学。黎曼几何是球面几何，为正曲率的；罗氏几何是马鞍面几何，为负曲率的；欧氏几何是平面几何，曲率是零。这三种不同曲率的空间都是正确的，欧氏空间可看作黎曼空间的特例。黎曼几何这一理论变革了人们对古希腊几何学家所引入的空间的认识。

爱因斯坦的广义相对论受到黎曼几何发展的深刻影响。非欧几何的数学空间范式革命成为广义相对论的数学基础。爱因斯坦攻坚广义相对论时曾求助过他的同学、数学家格罗斯曼，格罗斯曼的博士论文是专攻非欧几何的。正是他建议爱因斯坦研究黎曼提出的非欧几何，最终使爱因斯坦在探索广义相对论上获得了巨大成功。从那以后，爱因斯坦一直强调数学的优点，无论是在科学上还是在哲学上。

场的概念是在 19 世纪出现的。1799 年，意大利物理学家伏特发明了电池，这让物理学家有史以来第一次有可能使用稳定电流进行实验。1820 年，丹麦物理学家奥斯特在一次讲课时注意到，当他让电流通过电线时，附近的一根指南针偏转了。这是电与磁之间感应现象的第一次证明。顺着这一线索，1831 年，英国物理学家法拉第发现了电磁感应现象，在做了广泛的电性和磁性实验之后，特别强调电场和磁场的物理性质。他把带电粒子看作无限大的场中的点，认为不是粒子而是场才是最基本的物理对象。

法拉第最早把场看作连接带电粒子穿过自由空间的力线。麦克斯韦用数学方式表达了法拉第关于电和磁的思想，用"场"的概念解释了电和磁在不接触的情况下进行传递的机制。物质激发了场，场又作用于物质。麦克斯韦在其发表于 1865 年的论文中，总结归纳了著名的麦克斯韦方程。在麦克斯韦理论中，电场和磁场不是数学的虚构，它们能携带电量和动量。场是一个物理实体，实体是一系列场，微观世界以及整个世界都可以看成相互作用的场。19 世纪 50 年代，"场"这样的想法对人们的思想观念造成了根本性的冲击。因为当时人们根深蒂固的思想是，在牛顿的世界中，空旷的空间内一无所有。但在麦克斯韦的世界中，空旷的空间中到处都是电势和磁势。电磁理论认为，从宇宙诞生之时到现在，我们世界的各个角落都存在电磁场。

几何学与场论有机地互相统一，空间不再是与事物相对立的了，不再是安放事物并赋之以远距的几何关系的空洞的容器。不再存在空虚的空间：说空间的某一部分没有场，这样的假设是荒谬的。在场论中，一方面有场的状态量或场的结构，另一方面则有场的时空媒介，即一个无结构的四维连续流，两者也是相互依存的。

爱因斯坦终生都致力于用场论来描述自然。场论用数、矢量、张量等数学量来描述空间中任意点的条件是如何影响物质或其他场的。他的狭义相对论从讨论电磁场开始，广义相对论的基础则是描述引力场的方程。在广义相对论中，时间和空间的学说，即运动学，已不再表现为同物理学的其余部分根本无关了。物体的几何性状和时钟的运行都是同引力场有关的，而引力场本身又是由物质所产生的。爱因斯坦总结道："广义相对论成为场论纲领发展中的最后一步。从量上来说，它对牛顿的学说只做了很小的修改，但是在质上却是很深刻的。惯性、引力以及物体和时钟的度规性状，都归结为单一的场的性质：这个场本身也假设是取决于物体的。"

对于现代物理学而言，场的思维范式发挥了核心作用。在基本粒子的标准模型中，不仅仅是电磁力的背后存在电磁场，夸克和电子等粒子也具有各自的"夸克场"和"电子场"。在解释"上帝粒子"希格斯玻色子时，就是"希格斯场"的存在，导致希格斯玻色子的产生。爱因斯坦认为："经典的场概念是对科学精神的最大贡献。"他在1931年评论现代科学的构造性时说："根据牛顿体系，物理实在的特征可以用空间、时间、质点和质点之间的相互作用力等诸概念来表述……麦克斯韦之后人们将物理实在构想为连续的场，可以用偏微分方程来表示。对于物理学来说，这种改变是自牛顿以来最深刻、最有成效的。"

时空的数学化：爱因斯坦的忏悔

爱因斯坦的相对论使时空的数学化达到了高峰。如果说牛顿的绝对时空观告诉人们时间与空间是两个互不相干独立的存在，爱因斯坦的狭义相对论则告诉人们时间与空间是密不可分的。而爱因斯坦的广义相对论说的是，不仅时间与空间是一体不可分的，并且时间与空间构成的时空是可以弯曲的。引力只是一种几何效应。

爱因斯坦的狭义相对论就是从人们最熟悉的光开始，洞察到了宇宙深层的奥秘。光速永恒不变现象有一个"天然"的解释，即如果光速是无限的，就存在超距作用，信号就可以瞬间传播，我们也就没必要讨论如何定义、测量和比较时间间隔了。光速恒定，就排除了超距作用。在日常生活中，光速几乎是无限大的，而时间的细微差别常常被忽略。爱因斯坦认为，光速的有限和恒定表明我们必须重新审视之前认为的理所当然和显而易见的事情，即改变我们的时空观。

光速不变和光速极限使得我们考察运动除空间的三维之外，还必须加上时间维。我们现在讲的光速是指在四维、三维空间和一维时间里的组合速度。光速可以在不同的维度里分解。空间的运动影响时间的流逝，假如物体在空间运动，那么在时间维的运动一定会转移一部分到空间维来。物体运动的转移意味着它在时间里的运动比静止时慢。也就是说，当物体在空间运动时，它的时钟会变慢。现在我们看到，相对我们运动的物体时间变慢的原因是它在时间里的部分运动转移为空间运动了。这样一来，物体在空间的运动只不过反映了有多少时间里的运动发生了转移。假如物体在时间里的运动完全转移到空间来，物体在空间的运动就达到那个最大速度了。也就是说，以光速在时间里运动的物体，现在以光速在空间运动。因为所有在时间里的运动都被占有了，因此这是任何物体所能达到的最大速度。当然，以光速在空间运动的事物，同样也没有留一点儿时间里的运动。因此，光不会变老。从宇宙大爆炸出来的光子在今天仍然是过去的样子。

在狭义相对论的框架下可以得到几个结论："同时"是相对的，运动的时钟变慢，也叫时间膨胀，说明时间是相对的；运动的物体收缩，即空间收缩，说明空间是相对的。无论是时间膨胀，还是空间收缩，都是刚好抵消光速的变化，能够满足光速的恒定性。

爱因斯坦上大学时的老师、俄国数学家闵可夫斯基对爱因斯坦的工作大为惊叹。闵可夫斯基赋予了狭义相对论一种形式化的数学结构。闵可夫斯基把所有事件都变成了四维的数学坐标，其中第四维便是时间。闵可夫斯基认为，当我们观察自然界的事件时，我们同时经历着时间和空间。时间本身总是通过空间的意义测量的，如通过时钟的指针所运动的距离。我们测量空间的方法必定与时间相关。即使是在最简单的测量距离的过程中，都要经历逝去的时间。没有任何测量是瞬时完成的。因此，从本质上来看，事件应该用时空的组合来描述。的确，不同的观察者在测量组成两个事件之间的时空间隔时，会得到不同的空间和时间。但是，这是人为进行的区分，自然界显示出来的是时空紧密相连的情形。

　　1908 年，闵可夫斯基在一次讲演中宣布了这一新的数学方法。宇宙并不只有空间，要把时间当作第四维，他说："这种时空观是根本性的。从此以后，空间本身和时间本身都注定要蜕变为纯粹的幻影，只有对两者的某种联合才能保持独立的实在性。"时空是一体的！在新的时空理论中，时间和空间会相互转变，时间和空间必须结合成一个新的概念 —— 时空。满足相对论的时空几何理论，即在科学史上所称的闵可夫斯基时空，开始成为物理学的核心。起初爱因斯坦对他的老师闵可夫斯基用数学表达他的狭义相对论思想不以为然，没当回事。直到 1912 年闵可夫斯基已经去世三年，爱因斯坦才恍然大悟，狭义相对论只有在高度几何化后才能完全广义化。

　　爱因斯坦当时非常懊悔他对数学的态度，曾经用"花拳绣腿"来形容闵可夫斯基的数学工作，并且讥讽地调侃道："自从数学家涉足相对论之后，我就再也不能理解它了。"随着时间的推移，他才意识到闵可夫斯基创立的统一四维时空理论对狭义相对论的发展是至关重要的。这让爱因斯坦对数学产生无比的敬畏之心。爱因斯坦知"耻"而后勇，后来在广义相对论中，就利用动态的四维模型来描述引力。爱因斯坦对闵可夫斯基的功绩给予高度评价："在相对论中引入了四维张量理论，没有它，广义相对论的数学表述就不可能实现。"爱因斯坦曾给一位朋友写信说："对于数学，我产生了极大的敬意，在此之前我一直愚蠢地认为，数学中更为奥妙的部分纯粹是一种花拳绣腿！"

爱因斯坦曾说过，在物理学中，通向更深入的基本知识的道路是同最精密的数学方法联系着的。"为什么数学比其他一切科学都受到更特殊的尊重，一个理由是它的命题是绝对可靠的和无可争辩的，而其他一切科学的命题在某种程度上都是可争辩的，并且经常处于会被新发现的事实推翻的危险之中。但是数学之所以有最高声誉，还有另一个理由，那就是数学给予精密自然科学以某种程度的可靠性，没有数学，这些科学是达不到这种可靠性的。"

爱因斯坦曾反思道："在我学习的年代，高等数学并未引起我很大的兴趣。我错误地认为，这是一个有那么多分支的领域，一个人在它的任何一个部分中都很容易消耗掉他的一生。而且由于我的无知，我还以为对于一个物理学家来说，只要明晰地掌握了数学基本概念以备应用，就足够了；而其余的东西，对于物理学家来说，不过是一些细枝末节的问题。这一令人难过的错误认识是我后来才体会到的。"

从此，爱因斯坦对数学的确定性充满了敬畏之情，并将它作为自己的学术信仰，以至于虽然他是量子力学的开创者，但在与玻尔争论量子的统计性意义时，为了捍卫数学的确定性，他坚定地说："上帝不掷骰子！"

科学的独立宣言：数学定律

牛顿说，科学是对自然过程的精确的数学表达。近代科学诞生的最主要的代表成就是牛顿的《自然哲学的数学原理》。数千年来，人们力求了解世界体系、力和运动的原理以及物体在不同介质中运动的物理学，这部著作可以说是这些努力的顶峰。法国伟大的数学家、物理学家拉普拉斯说："自然的一切结果都只是数目不多的一些不变规律的数学结论。"科学的《独立宣言》，就是一本数学定理的汇集。

牛顿的综合：数学的确定性

牛顿不仅是伟大的物理学家、数学家，也是世界科学史中把数学与物理完美融合的最高典范。牛顿在数学上有一系列一流的发明，数学成为他解释物理的有力工具。微积分不是牛顿唯一的数学发明，他在《自然哲学的数学原理》一书中，第一章就引入极限的概念、求极限的方法，无穷概念和求曲线包围的面积以及求曲线的切线的方法。这一章中的11条引理是牛顿最重要的数学手段之一，几乎全是牛顿自己的发明。美国数学史家 M·克莱因评论："数学和科学中的巨大进展，几乎总是建立在几百年中做出一点一滴贡献的许多人的工作之上的。需要有一个人来走那最高和最后的一步，这个人要能足够敏锐地从纷乱的猜测和说明中清理出前人的有价值的说法，要有足够的想象力把这些碎片重新组织起来，并且足够大胆地制订一个宏伟的计划。这个人就是牛顿。"

科学的独立宣言：数学定律

　　开普勒当年在研究火星时发现了三大定律。伽利略当年通过观察木星的卫星运动，证实了哥白尼日心说理论的正确性。而牛顿通过研究月亮，成功地推导出万有引力定律。从此，天上和地上的运动规律遵循同样的数学定律。

　　牛顿不仅发现了力、质量、惯性概念的精确的数学用法，而且还赋予时间、空间和运动等旧概念以新的意义。通过使用这些新概念，主要的物理现象就逐渐服从于数学处理了。时间、空间等这些概念现在已成为人们思维的基本范畴。除发明了微积分，牛顿还提出了二项式定理以及无穷级数的各种性质，并且奠定了变分法的基础。在光学方面，牛顿是培根的信徒，他在实验方面的最好展示体现在对光的研究中，牛顿的《光学》是与《自然哲学的数学原理》完全不同的著作。牛顿通过实验证明了白光是由许多不同颜色的光混合而成，其中每一种光都有特定的折射率。基于这些研究，产生了光谱学和颜色分析法。牛顿还发明了反射望远镜，从而极大地拓展了人类的眼界。牛顿的成就前无古人、后无来者。对于牛顿来说，科学是由只阐述自然的数学行为的定律构成的，这些定律可以从现象中清楚地推导出来，在现象中得到严格证实。这样一来，科学便成为关于物理世界之行为的一个绝对确定的真理体系。由于牛顿的巨大功绩，科学第一次成为一种重要的文化因素。

　　牛顿的伟大综合是科学发展中的两个重要纲领统一起来，一个是经验的和实验的纲领，另一个是演绎的和数学的纲领。通过把数学方法和实验方法密切统一起来，牛顿相信他已经把数学方法理想的精确性和实验方法对经验的不断检验结合起来。牛顿的这套完整的实验—数学科学纲领主要有三个步骤：首先是通过实验对现象进行简化，其次是对这些命题进行数学阐释，最后是必须做出进一步严格的实验。牛顿通过数学证明的确定性把数学方法和实验方法统一起来。牛顿所设想的数学在自然哲学中的中心作用是，无论是天上的运动还是地上的运动，最终证明，一切自然现象都可以按照数学力学来说明。

1727 年牛顿去世之后，大部分科学家和受过教育的外行人认为宇宙是一个无限、中立的空间，被无穷多的微粒占据，微粒的运动受惯性这样的被动定律和引力这样的能动原则所支配。从这些前提出发，牛顿以空前的精确性演绎出大部分已知的光学现象和所有已知的天与地的力学现象，包括潮汐和分点岁差。他的继承者们从他止步的地方开始，努力去发现更多关于力的定律，以解释其余的自然现象：热、电、磁、凝聚以及最重要的化合反应。最后，分崩离析的亚里士多德宇宙被一种全面而融贯的世界观所取代。人类自然概念的发展进入了新的篇章。

在牛顿去世那年，欧拉开始了他伟大的数学生涯。欧拉是 18 世纪数学界最杰出的人物之一，被誉为"分析的化身"。欧拉在力学、天文学、流体力学、纯数学等方面进行了数学研究。所谓的牛顿的理性力学——完全抽象地用代数方程讨论物体的运动，就是欧拉的伟大创造。

新的力学问题也导致了新的分析形式的必要性。对于连续介质的运动，如振动、声音、流体等，都需要用微积分来处理。在这类问题中，都有一些包含多个变量的函数。达朗贝尔和欧拉建立了最早的一些处理这些多变量问题的方程，它们被称作偏微分方程。

1744 年，皮埃尔·路易·莫佩尔蒂断言，所有作用——质量、速度和距离的力学结果，总是最小的。这就是著名的最小作用量原理。对于莫佩尔蒂来说，这是一个令人崇敬的形而上学的原理，欧拉用变分学把这个原理证明为一个数学原理。

1788 年，拉格朗日出版了他的《分析力学》。在这本书中，力学的直观性和几何学的基础完全消失，变成了完全用抽象数学符号表达的代数运算。

1799—1825 年，拉普拉斯出版了分析力学在天文学中的应用巨著《天体力学》。这本书致力于完善数学对引力天文学的论述。

拉普拉斯评论道："牛顿不仅是现存的最伟大的天才，而且也是最幸运的天才；只有一个宇宙，就此而论，在世界历史中也碰巧只有一个人能成为其规律的解释者。"

快乐的科学：上帝死了！

　　虽然牛顿的工作完全是关于数学的，但虔诚的信仰使牛顿坚信宇宙是神圣的创造者设计的，是上帝的杰作。牛顿在他 1704 年出版的《光学》一书中，慷慨激昂地论证上帝的存在：自然哲学的要务是从现象出发论证而不虚构假说，而且从结果中推导出原因，直到我们到达第一因，这当然不是机械的……在几乎空无一物的地方有什么？太阳和行星相互吸引，而其中没有稠密的物质，这是为什么？为什么大自然不做徒劳之事？我们在世界中所见到的所有秩序和美从何而来？从现象来看，难道不是有一个无形体、有智力、无所不在的活的存在吗？这个存在，在无限的空间中，似乎这空间就是存在本身，他密切地注视着万物，感知着万物，与万物融为一体。

　　牛顿认为他对上帝即对神学的效忠是他最大的贡献。然而"不幸"的是，正是从牛顿开始，上帝靠边站了：大自然代替了上帝。大自然是数学化设计的这一信念已被坚定地持有。提示和理解大自然的规律是数学家的任务，数学本身是完成这一任务的工具。随着人们认识到无论是天上的运动还是地上的运动都遵循着普遍的数学定律，在预言和观测之间有着精确的数学描述，于是上帝开始被忽视了。宇宙和自然的数学化成为人们关注的焦点，上帝逐渐消失在数学的天空之中。

到了 18 世纪，德国的康德提出了人类认识史上第一个有关天体起源和演化的星云假说，将近代天文学从形而上学阶段推演到辩证思维阶段，由对天体静态结构的研究转移到对天体起源、发展演化历史的动态过程的研究。康德利用原始星云内部引力和斥力之间的矛盾运动来说明天体的发生、发展和演化，阐明天体处于永恒的产生和消亡中，自然界处于永恒的运动、变化和发展中，从而否定了上帝的第一推动力。

尽管许多数学家继续相信上帝的存在，相信是上帝设计了宇宙，并相信数学作为一种科学，其主要作用是提供破译上帝之设计的工具，但结果仍是关注获得纯数学的结果逐渐代替了对于上帝之设计的敬仰。在 18 世纪下半叶，随着数学的发展，上帝的存在变得越来越暗淡了。对于上帝信仰的消除过程是这样的：从正统的观念逐渐过渡到理性超自然主义、自然神话、不可知论，直到彻底的无神论。这些趋向影响了有文化的 18 世纪的数学家。狄德罗是那个时代的思想领袖之一，他说道："如果你想让我相信上帝，你得让我触到他。"柯西是一位虔诚的天主教徒，说人类"毫不犹豫地抛弃与天启真理相关的任何假说"，然而，几乎不再有人相信上帝是宇宙的设计者。著名数学家达朗贝尔说："真正的世界体系已经被认识到，发展并完善了。"他是狄德罗在撰写著名的法国《百科全书》的主要合作者。很明显，自然规律就是数学定律！

拉普拉斯被誉为"法国的牛顿"，第一次提出"天体力学"的概念，是天体力学的主要奠基人和天体演化学的创立者。拉普拉斯最突出的贡献就在于研究天体的实际运动 —— 天体力学。他将牛顿的万有引力定律推广到宇宙天体中，将静态假设推广到动态实际中，研究天体的平衡保持，并巧妙娴熟地运用数学公式探讨实际天体运动的情况，包括星体轨道的形状与变化、摄动理论、卫星的运动等。

把上帝从宇宙的中心真正彻底地移开，是从虔诚的上帝信仰者牛顿开始的。经过 100 多年的努力，拉普拉斯终于完成了这项工作。

牛顿的宇宙不仅仅是容纳哥白尼的行星地球的框架，更重要的是，它是一种看待自然、人和上帝的新路径 —— 一种新的科学和宇宙论的视角，这种视角在 18 和 19 世纪一再丰富了科学，并重塑了宗教和政治哲学。法国启蒙思想家伏尔泰在《哲学书简》一书中，通过对培根、牛顿、洛克的介绍，他热情地赞美理性，写道："战栗吧，理性的时代到来了！"

伏尔泰的批判锋芒主要是针对封建专制制度，特别是它的精神支柱天主教教会。他激烈地抨击天主教教会的罪恶行径，尖锐地指出，教皇的势力是建立在"成见和无知"的基础上的。他把教士称作"文明的恶棍"，骂教皇是"两足禽兽"。在他看来，宗教裁判的罪恶甚于拦路抢劫的强盗，强盗只要金钱，而宗教裁判则要剥夺人们的一切，包括思想和生命。伏尔泰尖锐地指出，基督教的历史就是一连串的抢劫、谋杀的历史，一部残暴的血腥史。针对天主教教会的黑暗统治，伏尔泰提出了"打倒卑鄙无耻的东西""消灭败类"的战斗口号。他对封建专制主义和天主教统治所做的尖锐批判，反映了资产阶级反封建的革命要求，具有进步的历史意义。

伏尔泰倡导自由、平等，他十分赞赏牛顿的宇宙图景。在他看来，宇宙是一部巨大而协调运转的机器，一切都是按照数学力学规律运动的。

然而，宇宙及其运动的根源是什么？是否存在一个神？伏尔泰既反对天主教神学的观点，也不同意无神论的观点。尽管他反对天主教神学关于上帝存在的种种证明，但他仍然认为，上帝的存在是完全可能的。伏尔泰心中的上帝，并不同于基督教宣扬的具有许多神秘性质并主宰一切的上帝。在他看来，上帝发一次命令，宇宙便永远服从。换句话说，上帝虽然创造了世界，但在他对世界进行了最初的推动之后，便不再干预世事，而听任自然规律去支配一切。可以看出，伏尔泰对上帝所做的是抽象的肯定、具体的否定。

18 世纪法国唯物主义和无神论的杰出代表是狄德罗。狄德罗是一位战斗的无神论者，在他看来，宗教是理性的敌人，是愚昧无知的产物。他宣称："上帝是没有的，上帝创造世界是一种妄想。"

康德在他 1781 年出版的《纯粹理性批判》中说，心灵不是一块白板；相反，人类心灵被赋予了一些先验的范畴 —— 诸如时间、空间、欧几里得几何学范畴，亦即牛顿范畴。有关世界的经验是人类心灵与感觉的相互作用，感觉会对梳理经验的精神范畴起作用。但是，理性不可能超越它自己构造的世界，且既不能反驳也不能证明上帝和超验的世界。康德废除了对上帝存在的所谓理性证明的可能性。但信仰并不是证明，因为基督教是被牢固地建立在不可动摇的信仰和道德的基础之上。可是，损害已经造成。德国诗人海涅对康德的破坏究竟是什么做出了恰当的总结：形而上学原有的上帝已经不复存在 —— 渺小的康德已经把他杀死了。

19 世纪的哲学家尼采则在他的著作《快乐的科学》中直接喊出："上帝死了！"

微积分的转折：从感觉到思维

　　无论是经典的欧几里得几何，还是上古和中世纪的代数学，都是一种常量数学，微积分是真正的变量数学，是数学中的大革命。微积分是高等数学的主要分支，不只是局限在解决力学中的变速问题，它驰骋在近代和现代科学技术园地里，建立了数不清的丰功伟绩。

　　人们早已意识到，客观世界的一切事物，小至粒子，大至宇宙，始终都在运动和变化着。因此在数学中引入了变量的概念后，就有可能把运动现象用数学来加以描述了。人们发现，瞬时速度是当时间间隔趋近于零时，平均速度所趋近的那个数值。这样，人们注意到了，瞬时速度不是由距离除以时间的商来定义的，而是引入了平均速度趋近一个数值的思想。人们通过把定义和计算瞬时速度的方法推而广之，可以利用计算在某一时刻的距离与时间变化率相同的数学过程，去计算一个变量对另一个变量的变化率。一个变量对另一个变量的瞬时变化率称为导数。导数的本质即为瞬时变化率，而瞬时变化率是增量的极限。导数的概念在其发展历史上，是夹在速度这个科学上的现象和运动这个哲学上的纯理性概念之间发展的。19世纪初，导数概念成为基本原理，随着对数和连续性的严格定义，到 19 世纪后半叶，一个坚实的数学基础就此完成。

微积分可以定义为这样一门学科，它处理的是一个变量对另一个相关变量的瞬时变化率。17 世纪下半叶，在前人工作的基础上，英国的牛顿和德国的莱布尼茨分别独自研究和完成了微积分的创立工作。虽然这只是初步的工作，但是他们的最大功绩是把两个貌似毫不相关的问题联系在一起，一个是切线问题（微分学的中心问题），一个是求积问题（积分学的中心问题）。

从距离（作为时间的函数）求瞬时速度的问题以及它的逆问题，不久就被看出是计算一个变量对另一个变量的变化率的问题以及它的逆问题的特例。假定给出了一个变量对另一个变量的变化率，那么反过来，求出关于这两个变量公式的逆过程会发生什么呢？这就是牛顿和莱布尼茨的惊天大发现：微积分的基本原理。

微积分学的创立，极大地推动了数学的发展。微积分的方法在解决实际问题中非常有效，过去很多初等数学束手无策的问题，运用微积分，往往迎刃而解，这显示出微积分学的非凡威力。

在牛顿的时代，是没有对"极限"这样的思想和概念进行严格定义的。牛顿虽然在计算上非常正确，但解释微积分的数学基础时，含糊不清。18 世纪著名的哲学家贝克莱仔细研究了牛顿的无穷小和极限概念，他对无穷小学说加以深入分析，揭露出许多不严格的推理、含糊的陈述和明显的矛盾，并指出它们在数学上没有足够的理论基础，甚至是荒谬的。贝克莱针对牛顿的流率说："这些流率又是什么呢？是瞬息即逝的增量的速度，然而这些瞬息增量又是什么呢？既不是有限的量，又不是无限小的量，更不是 0。我们能不能把它们叫作消失数量的鬼魂呢？"

贝克莱质疑的问题可以表述为"无穷小量是否为 0"的问题。就是无穷小量在当时的实际应用中，必须既是 0，又不是 0。但是从形式逻辑上来看，这无疑是一个矛盾，由此引发了当时数学界的混乱。最终导致了第二次数学危机的产生。

微积分的核心概念是导数，前文提到导数的本质即为瞬时变化率，而瞬时变化率是增量的极限。尽管牛顿、莱布尼茨在微积分技术方面做出了具有伟大意义的开创性工作，但他们对极限的严格定义方面模糊不清。虽然极限概念的轮廓早在古代便已出现，但这个概念的严格阐述在19 世纪之前还没有完成。在数学史上，极限概念都缺少精确的表达形式，因为它是建立在几何直觉基础之上的。

在 18 世纪时，数学家达朗贝尔曾批评牛顿用速度来解释导数，因为某一瞬时速度并没有清楚的概念，而且这里还引入了一个非数学的运动概念。达朗贝尔在为《百科全书》所撰写的条目"极限"中，明确认为：当一个量以小于任何给定的量逼近另一个量时，可以说后者是前者的极限，尽管前者绝不会超过后者。

直到 19 世纪初，法国伟大的数学家柯西揭开了数学严格化运动的序幕，并产生了深远的影响。他成功地表达出正确的极限概念，提出了一系列关于极限的定理来证明微积分的合理性。极限成了清楚而确定的算术概念而非几何概念。柯西认为把无穷小量作为确定的量，即使是 0，都说不过去，它会与极限的定义发生矛盾。他小心翼翼地定义和建立起微积分的基本概念：函数、极限、连续、导数和积分。极限理论成为微分学真正形而上学的基础。柯西决定在数的基础上建立微积分逻辑，而不是在几何学的基础上。柯西明智地把微积分建立在极限的概念上。柯西通常被看作近代意义上的严格微积分的奠基者。通过极限概念精确的定义，他建立了连续性和无穷级数的理论以及导数、微分和积分的理论。

被誉为"现代分析之父"的德国数学大师魏尔斯特拉斯，他第一个给出了严密的极限理论。魏尔斯特拉斯非常清楚直觉是不可信的。他希望把微积分只建立在数的观念上，由此将它完全与几何分开。魏尔斯特拉斯在数学分析领域中的最大贡献，是在柯西、阿贝尔等开创的数学分析严格化潮流中，以 ε-δ 语言，系统地建立了数学分析的严谨基础。

德国数学家希尔伯特评论道："魏尔斯特拉斯以其酷爱批判的精神和深邃的洞察力，为数学分析建立了坚实的基础，通过澄清极小、函数、导数等概念，他排除了微积分中仍在涌现的各种异议，扫清了关于无穷大和无穷小的各种混乱观念，决定性地克服了起源于无穷大和无穷小概念的困难。今天，分析达到这样和谐、可靠和完美的程度，本质上应归功于魏尔斯特拉斯的科学活动。"

如果说 17 世纪是天才的世纪，那么由于微积分，18 世纪可以被称为分析的世纪。正是由于微积分的发现和发展，数学家们开始从思维中创造出更加抽象的概念，当导数、积分的概念进入数学的时候，就变成从人类头脑中的思维深处抽象出的概念，逐渐超越了那些具有直观意义的数学概念了。特别是导数这一瞬时变化率的概念，虽然在速度的物理学中有一些直观的基础，但是它更多的是思维的产物！由于微积分，数学进入了对抽象进行抽象的时代。神奇的是这些越来越抽象的数学概念在物理研究中是有用的，因为它们和物质世界的现实存在性有某种联系。数学分析使数学本身逐渐从感觉的学科转向思维的学科。

数学是独立的科学：数的科学

　　17 世纪产生了微积分，到了 18 世纪，数学家们展示了无与伦比的技巧，使微积分展现出强大的威力。一些重要的数学分支就是从那时建立起来的，无穷级数、常微分方程和偏微分方程、微分几何、变分法等。在把微积分扩展到这几个领域的过程中，他们建立了现在数学中最广阔的一个领域 —— 分析。

　　如果没有发现毕达哥拉斯定理，就不会发现无理数。无理数的发现在数学史上是极其重要的。甚至直到 18 世纪，欧洲最好的数学家都还在坚持古希腊的选择，拒绝无理数。

　　1872 年，德国数学家戴德金在他的划时代论文《连续性与无理数》中提出了著名的戴德金分割理论。"戴德金分割"是说，有理数的一个分割确定一个实数。如果分割不产生空隙，这个实数也许是有理数；如果分割产生空隙，也许是无理数。通俗地说，实数就是有理数的分割。从某种意义上说，戴德金的实数是独立于任何空间和时间直觉的人类智力的抽象产物。"戴德金分割"可以完全用有理数来定义无理数。这是一个百分之百严格的、演绎的实数理论。

第一位认真思考实无穷的科学家是伽利略。他认为自然数的全体是存在的，它们组成一个实在的无穷。伽利略考虑两个实无穷，一个是全体自然数（1，2，3，…）构成的实无穷集合，另一个是全体偶数（2，4，6，8，…）构成的实无穷集合。伽利略问了自己一个问题：是自然数多，还是偶数多？一方面，似乎应该是第一个较多，因为它不仅包含第二个集合中的所有数，而且还包含其他的奇数。但另一方面，对于第一个集合中的每一个数，在第二个集合中都有一个确定的数与之对应。对于第二个集合中的每一个数，在第一个集合中也有一个确定的数与之对应。按照两个集合中这种一一对应的关系，第一个集合应该与第二个集合一样大。但是，伽利略通过一一对应发现"部分与整体相同"时，没敢再往下想就得出结论："无穷量和无理数在本质上对我们来说是不可理解的。"

1831 年大数学家高斯说："我反对把一个无穷的量作为一个现实的实体来使用。这在数学中是绝不允许的，数学中的无穷大只是一种叙述的方式。用这种方式，我们可以正确地说某些比值可以非常接近于一个极限，而其他的无穷大则允许没有界限的增长。"这段话清楚地表明自亚里士多德以来数学家们认同亚里士多德对无穷大划分为潜无穷和实无穷的思维范式。在高斯发表了反对无穷大的言论之后，过了半个多世纪，德国数学家康托尔说，无穷大也可以计算！彻底颠覆了人们对无穷大的认识，是范式革命！当康托尔把无穷集看成一个可以被人的心智思考的整体时，他的与常识相反而又在逻辑上可靠的结论，就打破了长久以来的思维定式。2000 多年来一直被亚里士多德压制的"实无穷"终于名正言顺地登上历史舞台，让人们大开眼界。

康托尔曾提出这样的问题：一个线段上的点与一条无穷长的直线上

的点一样多吗？一个平面上的点能和一条线上的点一一对应吗？直觉上，答案似乎很明显是："不能！"证明它显得似乎多此一举。但是康托尔经过几年的思考和探索，利用他著名的"对角线法"解决了这个"无聊"的问题，答案是："能！"康托尔在 1874 年发表的论文，证明了一条线段上的点要比自然数多；不同长短的两条线段上的点也是一样多；线段上的点和平面上的点以及立体空间上的点一样多！这是他最重要的贡献。这个结论是 2000 多年来经常谈到无穷的思想家们想都没有想过的，而康托尔却给了这个事实以简明清晰的论证。

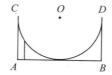

　　线段 *AB* 的点与半圆 *CD* 的点一一对应，证明这条线段与这个半圆有一样多的点。为什么在康托尔之前无人得到这个发现？这说明我们把一条直线看作由很多物理上的点组成的这个观念，在本质上是错误的，物理上的点与数学上的点是完全不同的！

　　康托尔是从建立明确的无穷集的定义入手而获得成功的。一一对应，是人们认识事物间数量关系的最基本的方法。什么是无穷集呢？康托尔认为，可以和自己的某一部分之间建立一一对应的集合叫无穷集。无穷集最基本的特性是它与其自身的真子集可以一一对应。事实上，康托尔正是使用这个事实本身作为无穷集的定义，这是有史以来首次以一种清晰而精确的方式定义这个概念。也就是说"一样多"的唯一意义是"可以一一对应"。比较两个无穷集的大小，设法建立两个集合的元素间的一一对应。能建立一一对应，就是一样多。这个结论彻底颠覆自古以来的固有观念，亚里士多德的整体论思想归结为"整体大于它的各部分之和"，康托尔的结论是只要"整体与部分相等"，这个无穷就是实在的。这就是康托尔提出的惊世骇俗的观点，却也是现代数学实数理论的基础。

集合论一经问世，立即遭到当时一批赫赫有名的数学家的猛烈进攻。当时的学界领袖、19世纪最著名的数学家庞加莱认为无穷集合论是病态的，并评论道："后人将把康托尔的集合论当作一种疾病，而人们已经从中恢复过来了。"

时间证明，康托尔的新观点和新理论对数学分析、函数理论、拓扑学和非欧几何的进一步发展有极其重要的作用，从普遍意义上来说，要对数学有更基本的理解，康托尔的理论是个重要基础。形式主义创始人希尔伯特认为深入研究无穷大十分必要！他说，任何一个其他问题都不曾如此深刻地影响人类的精神文明，任何一个其他观点都不曾如此有效地激励人类的智力。他断言："没有人能把我们从康托尔为我们创造的乐园中驱逐出去。"他在1926年这样评价康托尔的工作："这对我来说是最值得钦佩的数学理智之花，也是在纯粹理性的范畴中人类活动所取得的最高成就之一。"

康托尔创立的集合论已被公认为是现代数学的基础。他对实无穷的研究，在数学和哲学上都有重大的影响。他本人在晚年时曾要求普鲁士教育部把他的数学教授职位改成哲学教授。

罗素称康托尔是19世纪最伟大的智士之一。罗素在1910年说："解决了先前围绕着数学无限的难题可能是我们这个时代值得夸耀的最伟大的工作。"戴德金和康托尔都是数学的柏拉图主义者。他们相信数学的世界不是像可感知的世界那样是经验性的，戴德金说："我完全独立于空间和时间的概念或直觉来思考数的概念，认为它是一个人思维规律得出的直接结果。"康托尔说："数是人类心灵的自由创造物。"康托尔和戴德金在数学史上几乎同时出现，标志着这正是无穷集合论的时代。

数学史上，1872 年是重要的一年，正是这一年，三位伟大的德国数学家，戴德金、康托尔和魏尔斯特拉斯不约而同地发现了实数理论。实数理论的核心问题，就是怎样利用有理数概念去定义无理数的问题。从而完整地解决连续、无限的基本问题。

19 世纪，数学是研究数量关系和空间形式的科学。麦克斯韦说："整个数学科学都是基于物理定律与数的法则的关系。"现在，数学完成了进一步的抽象，使形式脱离空间，使关系脱离数量，把纯形式与纯关系作为研究的对象。数学拥有十多个大的分科：代数、数论、几何、拓扑、函数论、微分方程、泛函分析、概率论、数理逻辑、运筹学等。同时，数学本身不仅成为一门独立的科学，数学的发展也产生了许多交叉学科，它们原本属于数学，现在从数学独立出去的新学科有很多，如非线性科学、金融科学、统计学、控制论、博弈论、信息论、计算机科学、编码与密码学、数字经济学、管理科学、精算学等。在相当长的时间内，无理数总是和几何连在一起，分不出来，实数理论的建立，把数与形终于彻底分开了。由于数与形的分离成功，使数学归结为"数的科学"，于是，构成科学内在发展逻辑基因的数学，成了一门独立的科学。

数学是科学的语言：数学符号

伽利略曾说："数学是上帝用来描绘宇宙的语言。"数学语言就是数学符号。数学符号是数学专门使用的特殊符号，是一种含义高度概括、形体高度浓缩的抽象的科学语言。具体地说，数学符号是产生于数学概念、演算、公式、命题、推理和逻辑关系等整个数学过程中，为使数学思维过程更加准确、概括、简明、直观和易于提示数学对象的本质而形成的特殊的数学语言。我国数学史家梁宗巨先生曾说："一套合适的数学符号，能够精确、深刻地表达某种概念、方法和逻辑关系。"数学用符号表示数量关系和空间形式，使用符号的简洁性有助于提高思维的效率，这是数学作为一个独立系统的重要特征。精心设计的数学符号，凭借数学语言的严密性和简洁性，数学家们就可以表达和研究数学思想，这种简洁性有助于提高思维的效率。

德国数学家和哲学家莱布尼茨曾指出，数学之所以如此有成效，之所以发展极为迅速，就是因为数学有特别的符号语言。首先，数学语言可以摆脱自然用语的多义性，用符号来表示科学概念具有单一性、确定性，在推理过程中容易保持首尾一致。其次，由于符号语言简洁明确，便于人们进行量的比较，从量的方面对事物的某种数量级做出直接的判断，对所研究的问题能做出比较清晰的数量分析。

现代数学符号与欧洲的语言传统有密切关系。在欧洲的历史中，多次出现某种语言成为知识精英中的主要交流手段，如罗马帝国时期的希腊语，中世纪时的拉丁语，18 世纪时的法语以及现在的英语。欧洲的多种语言似乎都与古梵语有连带关系，而古梵语是印度婆罗门使用的语言。

第一个自觉运用数学符号的是希腊数学家丢番图。他创用的数学符号仅是文字的缩写，且比较随便，还算不上真正的数学符号体系。到了 16 世纪，科学的迅速发展对数学尤其是代数提出了新的要求，促使代数的变革，应运而生地出现了真正的代数符号。

当代数符号在 15 世纪和 16 世纪开始得到更广泛的运用时，数学家们只能慢慢地使他们的思维从对几何表达的不断依赖中分离出来。在那几个世纪中，数学研究的流行目标主要是处理方程理论，尤其是处理二次方程和三次方程的简化和求解的方法。

法国数学家韦达在前人积累下来的经验基础上，有意识地、系统地使用字母表示数，在他的成名作《分析方法入门》一书里，把代数看作一门完全符号化的科学。1591 年，在他的《美妙的代数》一书中，由于他引入了用字母等符号表示未知数，用字母符号表示未知量的值进行运算，从而把算术和代数加以区分。他在代数中建立了抽象的符号，首次用元音字母 A，E，I，O，U，$\cdots$（a，e，i，o，u，$\cdots$）表示未知数，辅音字母 B，C，D，G，$\cdots$（b，c，d，g，$\cdots$）表示已知数，从而使代数不仅用数，也用字母计算，推进了代数问题的一般性讨论。因此，韦达被西方称为"代数学之父"。

1637 年，法国数学家笛卡儿认为韦达创用的未知数和已知数符号还不太简洁明快，他采用字母 a，b，c，…代表已知数，用字母 w，y，z，…代表未知数，初步建立了代数符号系统，发展成为今天的习惯用法。不过，韦达和笛卡儿的字母表示数，都是正数情况下的数，还没有考虑到负数的情形。

1657 年，数学家赫德首先提出字母既可以表示正数，又可以表示负数。从此以后，数学家经历 2000 多年的努力所创用的用字母表示数的方法，便贯穿于全部数学中。有了字母表示数，方程出现了。数学中的定理、性质、定律、法则、运算律等都能用公式简洁表达出来。

数学科学在欧洲有时干脆被叫作符号科学。欧拉率先用 $f(x)$ 表示函数，e 表示自然对数的底，i 表示虚数，s 表示三角形的周长，$a\backslash b\backslash c$ 表示三角形的边，π 表示圆周率，$\sum$ 表示求和。正弦 sin、余弦 cos 和正切 tan 也是欧拉引入的，这些符号沿用至今并为世人熟知。

莱布尼茨在微积分方面的贡献突出地表现在他发明了一套非常完备的符号系统，它在微积分本身纯数学的推导上非常优越。1675 年引入 dx 表示 x 的微分，"$\int$"表示积分。他比别人更早更明确地认识到，好的符号能大大节省思维劳动，运用符号的技巧是数学成功的关键之一。他自觉地和格外慎重地引入每一个数学符号，常常对各种符号进行长期的比较研究，然后再选择他认为最好的、富有启示性的。在 20 世纪初的算子理论，如微分算子、积分算子等研究中，莱布尼茨的体系显得更加有效。

数学的直觉主义学派认为符号是一种互相交流的工具。形式主义学派则把数学看成是完全由符号形式构成的推导。

中国古代创造发明了一套永垂青史的算筹。公元 3—4 世纪，在中国传统数学的重要著作《孙子算经》一书中，记载了算筹的运算规则。用算筹计数时个位常用纵式，其余纵横相间。算筹记数法采用 10 进位制。马克思称中国的 10 进位制是"最妙的发明之一"。到了 13 世纪，南宋数学家秦九韶在《数书九章》数学著作中，首次用圆圈"O"表示空位，即零的意思。

算筹在我国是一项了不起的发明，它具有使用方便、运算迅速的特点。算筹在中国使用了近 2000 年。从三国到晚唐，古代算筹向珠算过渡，两者相互影响，长期共存了几千年。直到明代，算筹才逐渐退出历史舞台，被珠算代替。1910 年前后，我国使用印度 - 阿拉伯数学符号进行笔算，开始代替珠算，并沿用至今。

六

数学是理性的艺术：美是真理的火焰

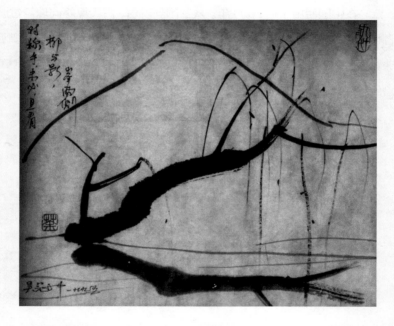

　　这是中国著名国画家吴冠中先生的一幅水墨画，这幅画名为《对称乎，未必，且看柳与影》。柳与影近似对称，是因为水的反射，但不是完全的对称。这是吴冠中先生和李政道先生充分交流以后，产生的创作思想和表达，这是他对对称和对称破缺的理解。

过去，在我国学术界，常常强调数学与艺术的区别，以为在数学中运用的是逻辑思维，而在艺术中则运用形象思维。事实上，数学是创造性的艺术。科学家们称傅里叶级数是"数学的诗"。庞加莱说："科学家研究自然，是因为他爱自然，他之所以爱自然，是因为自然是美好的。如果自然不美，就不值得理解；如果自然不值得理解，生活就毫无意义。"

在毕达哥拉斯看来，数学的一切理念都应该是美的，不仅如此，音乐的美也建立在数的基础之上。法国科学哲学家庞加莱相信艺术家和科学家之间创造力的共性，相信"只有通过科学与艺术，文明才体现出价值"。许多物理学家深为大自然所具有的数学质朴性和大自然规律的优美所感动，以至他们认为，这种质朴性和优美所显示的正是存在的基本特点。我国数学家王元认为，好的数学与好的艺术一样，美学是第一标准。数学美的本质在于简单。在物理学家看来，美这一概念的关键是和谐、质朴、对称。而数学则把美给形式化。爱因斯坦说："世界富于简洁与和谐，我们只能以谦卑的方式不完全地把握其逻辑的质朴性的美。""物理定律的美，就是它们所具有的那种难以置信的质朴性，这一切背后的最终数学机制是什么？它肯定是美的。"人们早就知道，麦克斯韦优美的电磁理论之所以有力量，之所以优美，在很大程度上要归功于该理论的数学描述中所显示出来的平衡和对称。在统一基本力的理论中又出现平衡，这种平衡被称作规范对称。

美国哲学家梭罗说："有关真理最明晰、最美丽的陈述，最终必以数学形式展现。"数学上熟悉的对象的公理化最初往往是作为定理出现的。法国伟大的科学哲学家庞加莱认为，数学有三个目的，第一个是数学提供了研究自然的工具，第二个是数学具有哲学目的，第三个是数学具有美学目的。物理学家不能够没有数学的一个理由是数学提供了能够表述自然的独一无二的语言。

许多大科学家认为一个理论的真理性从根本上应该被看作一种审美成就。

麦克斯韦本人对数学结构做过审美评价："我总是把数学看成是获得事物的最佳形态和维度的方法；这不仅是指最实用的和最经济的，更主要是指最和谐的和最美的。"狄拉克对薛定谔的波动力学有知名的评价："我相信，薛定谔和我对数学美都有非常敏锐的鉴赏力，并且这种对数学美的鉴赏支配了我们的全部工作。这种鉴赏对于我们是一种来自如下信念的举动：描述自然的基本规律的方程必须包含伟大的数学美，它对于我们就像宗教。"

罗素这样评论数学：数学，如果正确地看它，则具有至高无上的美，正如雕刻的美，是一种冷俊而严肃的美，这种美不是投合我们天性的微弱的方面，这种美没有绘画或音乐的那些华丽的装饰，它可以纯净到崇高的地步，能够达到只有最伟大的艺术才能显示的那种完美的境地。一种真实的喜悦的精神，一种精神上的亢奋，一种觉得高于人的意识——这些是至善至美的标准，能够在诗里得到，也能够在数学里得到。数学是理性的艺术，美是真理的光焰。

第八章

数学文化的形成

自文艺复兴时期的哥白尼开始，世界进入了一场波澜壮阔的科学革命。这场革命改变了知识的性质和人类的能力，哲学与神学分离，科学与哲学分离，数学的哲学化也转变为科学的数学化。科学革命是当代人从 20 世纪回望科学史的一种建构。牛顿主义的胜利标志着科学革命的初级阶段的终结。象征现代科学的是物理学，先是牛顿的物理学，然后是爱因斯坦的物理学、量子力学。在科学革命中，伽利略、培根、笛卡儿、牛顿等伟大的科学家们创制了革命性的科学纲领，这些纲领的核心是数学。

数学是科学革命的核心动力

1543 年哥白尼《天体运行论》一书的出版，揭开了天文学和宇宙论思想上一场剧变的序幕，这就是我们熟知的哥白尼革命。哥白尼本人是坚定的毕达哥拉斯主义者，他接受了希腊人认为自然界包含着数学定律的和谐整体的观点。《天体运行论》整本书非常数学化，哥白尼在书中强调"数学方面的内容是为数学家而写的"。对哥白尼来说，数学和天体的细节是首要的；他把目光全部聚焦在天体的数学和谐性上。哥白尼仔细研究了流行千年的经典宇宙理论《天文学大成》，并吸收了许多伊斯兰天文学家和少数欧洲天文学家的天文学成果。

哥白尼通过精心的数学研究发现，靠地心说解决行星问题希望渺茫。他断定，在传统的天文学的基本思想中，一定存在一个根本性的错误。

于是，哥白尼改变了人们已经根深蒂固的基本前提，地球不是宇宙的中心，太阳才是宇宙的中心。哥白尼发现，如果改为以太阳为中心，仅这一改变就可以使复杂的圆周的总数从 77 个减少到 31 个！哥白尼没有犹豫，为了建立这一数学上完善的日心说理论，他宁愿让天体和地球运动。后来，根据更加可靠的观察，他把所有圆的中心确定为处于稍微偏离太阳的位置上，而不是正好在太阳上，从而完善了自己的理论。

哥白尼革命是一场观念上的革命，是人的宇宙概念以及人与宇宙关系的概念的一次转型。在文艺复兴思想史上的这一幕，被一再地宣称为西方人思想发展的划时代转向。哥白尼革命在天文学、科学和哲学三个方面都产生了深远影响。

如果说哥白尼是 16 世纪上半叶欧洲最伟大的天文学家，那么第谷·布拉赫就是后半叶最杰出的天文学权威。第谷毕生都是哥白尼学说的反对者。第谷是所有肉眼观测者中最伟大的天文学家。第谷发明了第三种体系，即"第谷体系"。地球再一次固定于恒星天球的中心，月亮和太阳在旧的托勒密轨道上运动，然而其他的行星在以太阳为共同圆心的本轮上。第谷在临终时把他终生观测的星空数据传给了他的助手开普勒，并提出一个条件，即利用这些大数据只能用地心说或"第谷体系"的范式。

然而，开普勒终身都是哥白尼派。开普勒是一个狂热的新柏拉图主义者，他相信数学上简单的定律是所有自然现象的基础，并且相信太阳是天体运动的中心。他的新柏拉图主义直觉告诉他，他自己的定律比古代相应的定律更适合支配一个太阳主宰的宇宙中天体的运动。

文艺复兴时期的新柏拉图主义对开普勒的影响很深。运用数学计算行星的运动使他能够分享神圣的思想。开普勒从库萨的尼古拉的著作中深受启发，而且也同哥白尼进行了联系，转而相信哥白尼的天文学。开普勒本人承认，他的主要动机之一是对三位一体做出数学一物理学的阐释。

开普勒在他的天文学研究中，将科学、数学与神学和神秘主义混在一起，他深信，真正的原因必定总是在根本的数学和谐中。开普勒重新思考亚里士多德的形式因，他得出的结论是因果性概念其实就是按照严密的数学关系来解释的；于是，根据这种"因果性哲学"，开普勒相信，在世界上必定存在着更多可以发现的数学和谐，它们充分地确认了哥白尼体系的真实性。当开普勒发现了宇宙的三大定律后，他由衷地赞美上帝，上帝是按照完美的数的原因来创造世界的，因此在创世者心中，数学和谐便是天体运行的原因。开普勒建立了一个把因果性数学化的形而上学的根本原理，是立足于数学的毕达哥拉斯－柏拉图主义之上的。

由哥白尼革命所开创的科学革命，在伽利略这里得到了进一步提炼和发展。伽利略直接用望远镜完成了对于哥白尼理论的实验观测确认，把它从纯粹数学的先验王国转变为物理存在的王国。同时伽利略坚信，自然的真理只是在于数学事实，在自然中真实的、可理解的东西是可以在数学上加以定量测度的东西。对于伽利略来说，数学表达了事物的自然结构。而且，伽利略对于动力学的发展也表明，地面上的物体和天体的运动都可以用数学的语言来表达。伽利略努力寻找事物运动过程的数学描述而不是去探索因果关系的解释，其结果是导致了接受像万有引力那样的概念。万有引力和运动定律是牛顿力学系统的全部基础。因为对万有引力，唯一可靠的认识是数学的认识，所以数学变成了科学理论的实体。

✳ 第八章 ✳
数学文化的形成

17 世纪法国的唯理论哲学家笛卡儿,曾有过一个大胆的设想:"把一切问题化为数学问题。把一切数学问题化为代数问题。把一切代数问题化为代数方程求解问题。"笛卡儿的解析几何,把初等几何问题化成了代数问题;把分离了上千年的数与形重新整合在一起。牛顿继承了伽利略、笛卡儿及开普勒的科学遗产,进行了伟大的综合,实现了天体力学和动力学的最终统一。

伽利略研究物体运动的过程,发明了一些全新的物理名字,如质量、速度、惯性等。而牛顿首先用数学定义了"质量"这一概念,牛顿对质量进行了数学定义,一旦精确地定义了质量,就可以按照质量来定义力而不是用力来表示质量,因为力是不可见的,而一个标准质量是可以感觉和使用的物理对象。而且,牛顿还定义了绝对空间、绝对时间等一些最基本的概率,使这些概念成为定量描述的、永不改变的基本范畴。由此便能使运动完全由数学定律来描述。就这样,17 世纪发现了一个"质"的世界,它的研究要辅助以数学的抽象;从而形成一个数学的量的世界,它把物质世界的具体性统归在它的数学定律之下。经过科学革命,科学从此在西方社会和西方思想的发展中扮演新的重大角色。

17、18 世纪的数学创造的最伟大的历史意义是:使理性精神渗透到几乎所有的文化分支中,并产生了深远的影响。微积分的产生解决了科学和工业革命的一系列问题,而 18 世纪法国大革命时期的数学涉及力学、军事和工程技术。19 世纪前半叶,数学从古典进入现代,其标志是非欧几何学的诞生。19 世纪末,无理数被进行了精确的定义,数学中的集合论和公理化标志着数学成为一门独立的科学。

伴随着 1895 年 X 射线的发现，一个更加伟大的科学时代宣告开始。接着 1896 年发现铀射线，1897 年发现电子，1898 年发现放射性元素镭，1900 年量子学说问世，1905 年是爱因斯坦的奇迹年。许多科学家深深感受到自然科学已经发生一次比哥白尼革命、拉瓦锡革命、达尔文革命、麦克斯韦革命深刻得多的革命。

物理学家伦琴因发现了 X 射线，成为 1901 年诺贝尔物理学奖的第一位获得者。当有人问这位卓越的实验物理学家，科学家需要什么样的修养时，他的回答是：第一是数学，第二是数学，第三是数学。对计算机发展做出过重大贡献的冯·诺伊曼认为"数学是人类智能的中心领域""数学方法渗透、支配着一切自然科学的理论分支……它已越来越成为衡量成就的主要标志"。

在 19 世纪 90 年代末，有关黑体辐射的数据已越来越详尽。但是，人们对黑体辐射的研究却得出了两个不同的公式。这两个公式分别来自德国的物理学家维恩和英国的物理学家瑞利和金斯。对于光强在颜色和波长中的分布曲线，如果从粒子的思维范式去推导，就得到适用于短波的维恩公式，维恩公式只有在短波（高频）时才与实验结果相符，但在长波区域完全不适用。

相反，如果从经典的麦克斯韦理论电磁波的思维范式去推导，瑞利－金斯公式却只在长波时才与实验相吻合，在短波区并不适用。这个公式在短波区（紫外光区）时显示辐射能力随着频率的增大而单调递增，最后趋于无限大，它预言光辐射的峰值始终位于光谱的短波长处，即位于光谱的紫色端，甚至是不可见的紫外端，这就是所谓的"紫外灾难"。这样看来，单纯地从粒子或波动的角度来推导黑体的分布曲线是得不出正确结论的。

当时德国的理论物理学家普朗克一直关注着这项研究，普朗克曾是热力学第二定律的发现者克劳修斯的学生，普朗克早期的研究领域主要就是热力学。他的博士论文是《论热力学第二定律》。当普朗克自己也参与到黑体辐射的研究中时，却始终得不到一个很好的研究结论。然而，在一次研究黑体辐射的维恩和瑞利－金斯的数学公式时，他偶然发现，假如放出辐射和吸收辐射是一份一份的，不是连续的，那么就可以"凑出"一条完整的曲线，这条曲线跟实验测量出的曲线完全匹配。就这样，普朗克以一种难以置信的数学直觉得到了一个黑体辐射分布规律的公式，从而"无意"中创立了量子假说。这是数学引发科学革命的最直接范例。

德国物理学家马克斯·冯·劳厄，因发现 X 射线的干涉现象而在1914 年获得诺贝尔物理学奖，他把数学称为"思想工具"。一些划时代的科学理论成就的出现，无一不借助于数学的力量。英国的著名科学家开尔文说："如果您能够用数来计量和表达你所说的事物，那么您就知道有关这方面的某些东西。但是，如果您不能对它们加以计量，用数字加以表示，那么您的知识就是浅薄不足的。"

著名科学哲学家赫伯特·巴特菲尔德在他著名的《现代科学的起源》一书中曾这样写道："科学也给人以这样深刻的印象，即它们正在迫使数学站到整个时代的前沿。正如我们所知，没有数学家的种种成就，科学革命是绝不可能的。"

数学文化的形成

在 18 世纪的自然科学发展中，实证科学脱离了形而上学，给自己划定了单独的活动范围。各门自然科学如天文学、物理学、化学、生物学、生理学、解剖学、医学以及地质学等都逐渐成为独立的科学部门，对自然界进行分门别类的深入考察。

法国化学家拉瓦锡创立了氧化学说，取代了神秘的燃素说，奠定了实验化学的基础。在物理学方面，已研究了热、电、光等运动形式。生理学、解剖学和医学等学科所取得的新成果，加深了人们对生命现象的认识，为从哲学上进一步解决物质和意识的关系提供了科学基础。

瑞典的生物学家林奈运用人为分类法，对前一时期生物学上积累的丰富材料进行了整理，详细确定了 18000 种植物，他强调生物的种类是不变的，认为上帝创造了多少物种，现在就有多少物种。值得注意的是，18 世纪的某些自然科学家已试图突破这种形而上学的自然观。18 世纪德国哲学家康德和法国天文学家拉普拉斯先后提出了著名的太阳系星云起源的假说，认为天体并不是亘古不变的，而是有其自身深化的历史。

在生物学中，法国生物学家毕丰提出自然分类法，运用比较解剖学的方法，研究生物之间的亲缘关系，指出生物有自己演化的历史。他论述了地球形成和生物的产生与"变种"的历史过程，提出了环境决定变种的学说以及人与猿同源的思想。

18 世纪的科学家和哲学家已试图提示各门科学的相互联系，以便形成关于自然的统一的知识体系。18 世纪的法国哲学家感到了一种前所未有的使命感，要向大众传播新的知识。法国启蒙运动进入高潮的重要标志，是著名的《百科全书》的编纂和出版。《百科全书》的主编是著名的启蒙思想家、伟大的唯物主义哲学家和无神论者狄德罗。为《百科全书》撰写条目的大都是当时哲学、自然科学、医学、工程技术、社会科学、文学艺术领域中最有威望的人物。伏尔泰、孟德斯鸠、卢梭、霍尔巴赫，以及著名的自然科学家达朗贝尔和毕丰、政治经济学家魁奈和杜尔哥等，都曾为《百科全书》撰写过条目。《百科全书》内容不仅概括了 18 世纪哲学、科学技术、社会科学以及文学艺术等各个领域的最新成果，而且渗透着强烈的反封建的战斗精神。

在《百科全书》中，主编狄德罗提出了这样一个观点，智慧是客观实在与人类理智之间的纽带。而这种联系的方法是实验 —— 对自然的经验检验。但是，狄德罗说，用不了 100 年纯数学家将会消失；只有一小部分会保留下来。对于他来说，纯数学太抽象了，形而上学色彩太浓。

然而，历史的发展出乎意料。

数学在人类历史中的地位绝不亚于语言、艺术和宗教。我国数学家齐民友教授认为数学作为一种文化，在过去和现在都大大地促进了人类的思想解放，人类无论在物质生活上还是精神生活上得益于数学的实在太多，今后数学还会大大地促进人类的思想解放，使人成为更完全、更丰富、更有力量的人。他指出："历史已经证明，而且将继续证明，一种没有相当发达的数学的文化是注定要衰落的，一个不将数学作为一种文化的民族也是注定要衰落的。"

研究科学史的学者们发现：数学发达中心与经济发达中心在地理上总是相吻合的。从近代西方国家的历史看，文艺复兴时期的意大利，在1500—1600年的一个世纪期间，曾是当之无愧的数学中心，是当时世界上科学技术最发达的国家；这种地位在17世纪转移到了英国，英国经过生机勃勃的资产阶级革命的洗礼，极大地解放了生产力，英国资产阶级革命既带来了英国的海上霸权，也造就了牛顿学派，将英国对科学技术、对人类的贡献永久地镌刻在科学发展史上；通过18世纪的法国大革命，法国数学取代英国雄踞欧洲之首，这种优势一直持续到19世纪70年代；随着德国资产阶级统一运动的完成，德国数学起而夺魁。进入20世纪后，德国迅速成为世界上科学技术最发达、经济实力最强大的国家。仅在1901年到1940年间，德国就获得诺贝尔奖38项，远超其他各国；第二次世界大战以后，美国又一跃成为西方的数学大国，成为世界科学活动的中心，影响至今。

西方科学的发达，不仅体现在科学文化的传统上，更体现在数学文化的传统上。欧洲瑞士的数学家族伯努利家族，3代人中共8位数学家，伯努利家族在17世纪和18世纪微积分学及其应用的发展中引领着数学潮流。第一代伯努利家族的雅各布·伯努利利用变分法解决了数学史上最有名的问题之一"最降速问题"。第二代伯努利家族的丹尼尔·伯努利，他的数学工作包括微积分学、微分方程、概率、弦振动理论。丹尼尔·伯努利被称为"数学物理学的奠基人"。伯努利家族还培养了一位数学史上最伟大的数学家之一欧拉，欧拉被誉为"分析的化身"。

德国著名数学家高斯在他的传记中有一段对话：有一个外乡人在法国巴黎问当地人："为什么法国历史上出了那么多伟大的数学家？"法国人回答："因为我们最优秀的人都在学习数学。"外乡人又去问法国数学家："为什么法国的数学始终闻名世界呢？"数学家回答："数学是我们传统文化中最优秀的部分。"

法国的数学文化在世界范围内独树一帜。纵观法国科学的历史，就会发现很多西方著名的数学家出自法国：从近代概率论的奠基人帕斯卡到数学大师傅里叶、拉格朗日，从解析几何之父笛卡儿到拉普拉斯方程的发现者拉普拉斯，从画法几何创始人蒙日到费马大定理的提出者费马等。值得一提的是，17—19 世纪，法国在全球数学领域绝对称得上是佼佼者。费马大定理、庞加莱猜想、中国人熟知的哥德巴赫猜想，均出自法国人的头脑。

法兰西民族对现代世界的文化进步和科技发展做出了巨大贡献，这其中的数学家个个都是彪炳史册、如雷贯耳的人物。法国自 17 世纪开始，涌现出一大批群星璀璨的数学大师，他们中的代表人物是数学大师韦达、梅森、笛卡儿、费马、帕斯卡、达朗贝尔、拉格朗日、拉普拉斯、蒙日、卡诺、傅里叶、泊松、柯西、伽罗瓦、庞加莱等。他们中的任何一位放在全球数学史上，都是难以企及的角色。现代数学应该说是从微积分开始的，在微积分领域，法国数学家的数量就占了几乎 1/3。19 世纪法国数学界四大"天王"——柯西、傅里叶、伽罗瓦、庞加莱。数学文化是法国文化中最具特色的文化。

2021年9月，中国的华为公司高调地宣布法国数学家、菲尔兹奖得主 Laurent Lafforgue 正式加入华为技术法国公司。数学界的诺贝尔奖、菲尔兹奖，是数学界学术最高奖项，菲尔兹奖每四年颁发一次。菲尔兹奖规定，只颁发给40周岁以下的"青年数学家"。法国数学家曾经连续20年以上获得了菲尔兹奖。据统计，法国是世界上获得菲尔兹奖人数最多的第二大国，仅次于美国，如果从人口比例来算，法国堪称世界第一。

法国数学崛起的历史原因，可以用"远见、开放、包容"来概括，同时笛卡儿开创的以及法国数学的人文主义传统，也是数学在法国长盛不衰的原因。马林·梅森是17世纪法国著名的数学家和修道士，世界数学中"梅森素数"的命名者。梅森由于个人魅力与全欧洲的科学家都建立了良好的关系，其中就包括很多数学大师费马、伽利略、笛卡儿、惠更斯等。在17世纪的法国，研讨科学和哲学的沙龙在上流社会非常流行。梅森寓所成为这些科学家的沙龙聚会中心，被称作梅森学院。1648年梅森去世后，法国年轻的国王路易十四决定建设一所官方科学院来推动法国科学的发展，因此，梅森学院成为现如今的巴黎皇家科学院。

到了拿破仑时代，拉格朗日和拉普拉斯都是这位法国皇帝的朋友，蒙日与傅里叶曾随拿破仑远征埃及，可以说，法国的政策对科学的发展提供了有力的保证。19世纪上半叶，法国科学院培养出了一大批群星：著名的物理学家安培，他的名字被用作计量电流的单位；著名的数学家卡诺，热力学创始人之一；著名的物理学家菲涅耳，他在光学研究中带领波动说与牛顿粒子说展开对抗。另外，还包括著名的数学家、物理学家泊松，他在数学及物理领域留下自己冠名的定理。

法国数学文化的开放与包容吸引了一大批欧洲的数学家。莱布尼茨是德国的哲学家、数学家，但是他的微积分发现是在巴黎完成的。莱布尼茨在数学史和哲学史上都拥有十分重要的地位。特别是在数学上，他和牛顿先后独立发现了微积分，莱布尼茨所发明的符号被普遍认为更综合，适用范围更加广泛。莱布尼茨还发明并完善了二进制。在哲学上，莱布尼茨、笛卡儿和斯宾诺莎被认为是 17 世纪最伟大的理性主义哲学家。莱布尼茨的出现标志着德意志民族在世界文明上的真正崛起。法国数学文化的崛起值得我们深入学习和研究。

美国著名的数学史家 M·克莱因说：数学是现代文明的一个有机组成部分。数学文化的一个方面，就是阐述人类文明是如何受惠于数学的。数学决定了大部分哲学思想的内容和研究方法，摧毁和构建了诸多宗教教义，为政治学经济理论提供了依据，塑造了众多流派的绘画、音乐、建筑和文学风格，创立了逻辑学，而且为我们必须回答的人和宇宙的基本问题提供了最好的答案。极为重要的是，作为一种宝贵的、无可比拟的人类成就，数学在使人赏心悦目和提供审美价值方面，至少可与其他任何一种文化相媲美。

数学是心灵的构造：思维把握实在

如果说古典数学服从自然的本来面目，而现代数学则服从主体心灵的构造。帕斯卡曾说过："心灵有其自己的思维方式，那是理智所不能把握的。"受到现代数学公理化研究的影响，人们开始重新划分人类的思维空间。批判理性主义的创始人波普尔认为存在三个世界：第一个世界是物理客观体物理状态的世界，即客观的物理世界；第二个世界是意识状态或精神状态的世界，即主观的感官世界；第三个世界是思想的客观内容的世界，尤其是数学思想，即客观的理念世界。波普尔强调"感官世界"与"理念世界"的主要区别在于，"感官世界"是"主观意义上的知识"，而"理念世界"是"客观意义上的知识"。波普尔特别用数学来说明"理念世界"，他指出，自然数理论就可以看作一个典型例子，自然数列是人类的创造，但自然数列本身也反过来创造了自己自主的问题。数学世界的发展印证了这个说法。特别是在"数学世界"与"物理世界"的结合当中体现得更为突出。所以，第三个"理念世界"实质上就是"数学世界"。

物理学家罗杰·彭罗斯在他的一篇文章《数学、大脑与物理世界》中提出一个问题：数学的独立实在的问题和物理行为是否基本取决于这种预先存在的数学的问题？为了回答这个问题，彭罗斯把波普尔的三个世界理论直接划分为：物理的、精神的和数学的世界。他明确指出，对于"柏拉图数学世界"的存在，我们有一种超乎人类文化想象的情形，就目前已知的情形而言，物理世界的运行在很高的精度上与数学理论相符合。自然世界在时间和空间的基本层次上的运行机制与复杂的数学理论之间有着非凡的一致性。

从欧氏几何对物理空间的描述，圆锥曲线理论应用于近代天文学理论，微积分对近代科学发展的决定性影响，直到麦克斯韦的电磁学微分方程组、广义相对论所利用的黎曼几何，似乎都在证实，而且不断证实：物理世界的运行对于预先存在的数学秩序真的存在一种深刻而又精确的基本依赖关系。这种数学秩序非常优美和复杂，它们就在那等待着被发现。物理学家早已深刻地认识到自然界所隐含着的物理定律的简单数学表述方式，他们领悟到其中数学推理的优雅和完美，以及物理结论的复杂和深远。

1832 年，21 岁的法国数学家伽罗瓦死于决斗，决斗的前一晚，伽罗瓦预感到会死去，便匆匆忙写下了他在代数方程可解性上的研究成果，这些结果后来被称为"群论"。群是表达对称概念的数学方式，当初伽罗瓦只是为了探讨纯数学问题而创造的群论，使物理学家们发现伟大的能量守恒定律、动量守恒定律、自旋守恒定律、电荷守恒定律等，这些定律正是我们周围世界对称性的反映，这使得群论成为在最基本的层次上认识大自然的一种重要手段。

数学家有一种离奇的能力，会提出一些在科学中找不到任何应用的结构、概念、领域。在整个历史上，以下场景反复出现：数学家研究一种结构，不管出于什么原因，（如通过考虑无穷维的情形）会将其推广到另一结构上；而后一种新定义的结构在科学的某些地方找到了应用。物理学家发现数学家在他或她到达之前已经在那里了。自然与复杂而优美的数学之间的这种一致性一直就在"那儿"，时间上远远早于人类的出现。物理学家尤金·保罗·维格纳说："数学在自然科学中有不合常理的威力。"就好像物理学家历尽艰辛爬到山顶时，都会有一位数学家在那里淡定地等待着。

美国数学史家 M·克莱因强调："重大物理现象根本就不是通过感官知觉到的。感官没有向我们显示地球绕其轴旋转并绕太阳公转，也没有显示维持行星绕太阳公转的力之本性。电磁波能使我们收到几百甚至几千英里外发射的广播和电视节目，而感官对于电磁波本身一无所知。我们自己创造的一种极有力的武器——数学，数学给予我们关于物理世界巨大领域的知识并使我们掌握了控制权。""数学不只是一系列技巧。数学向我们揭露关于某些我们还未知的，甚至从未臆度过的重要现象，在某些情况下甚至揭露与知觉矛盾的道理。它是我们关于物理世界的知识之精华。它不但超出了知觉之域而且大大优于知觉。"

20 世纪早期，印度伟大的数学家拉马努金对数学做出了重要贡献。虽然他没受过正规的高等数学教育，但是他沉迷数论，是一位伟大的数学直觉主义者。他留下了 3900 多条数学公式。拉马努金习惯以直觉导出公式，不喜欢做证明，事后却往往证明他是对的，他的伯乐、英国数学家哈代曾问他这些数学公式是从哪里得来的，拉马努金回答说是从"梦"里得到的。他留下的那些没有证明的公式，引发了后来的大量研究。一些公式竟然在当今的黑洞、人工智能、空间科学领域发挥着神奇作用。

德国的物理学家普朗克对量子力学的发现，是从一个数学公式开始洞察到量子物理的核心思想的。爱因斯坦的狭义相对论通过闵可夫斯基的时空数学表达得到了完美的阐释，而爱因斯坦的广义相对论与黎曼几何相遇，得出了优美的广义相对论方程。现代宇宙中的弦论借助六维的卡拉比－丘成桐空间来展示全新的时空维度。

物理学在不同的发展阶段都会与大量不同的数学研究领域有着奇特的关联。它们相互渗透、都对彼此产生了深远的影响。物理学家时常吃惊地发现，数学原来早就为他们准备好了工具。反过来，数学家们不断地意识到，是物理学上的问题和定理带来了最有趣、最深刻的数学发展。19 世纪的元素周期表，在量子力学发展以后，科学家才了解到周期表中的原子数，事实上可以直接从库仑力的旋转对称中得到。同样，反物质（反粒子）的存在，也是根据洛伦兹变换的对称性而在理论上预测到的。

1928 年，英国杰出的物理学家狄拉克写出了狄拉克方程式。这个方程式奠定了今天原子、分子结构的基础。他定性地解释了电子为什么像一个陀螺有自旋；他定量地解释了电子为什么有自律，而这对于后来的原子、分子物理学和化学都有极为重要的影响；他定量地推演出复杂的电子轨道跟磁矩之间的相互作用。1931 年狄拉克又推出一个理论，叫反粒子理论，就是说宇宙里任何一个质点、一个电子，都有反粒子。这个想法不为当时的大物理学家所接受。直到 1932 年的秋天，物理学家安德森发现了正电子，反粒子论才被大家接受。这是世界上第一次，一位理论物理学家通过纯数学的手段成功预言了过去未知的粒子的存在。狄拉克的发现全然改变了游戏规则：理论家们不必再等实验结果了。狄拉克具有高度的物理学审美观，他曾多次说物理公式必须是美的。中国物理学家杨振宁用"性灵出万象，风骨超常伦"这两句诗形容狄拉克方程的数学美和物理内涵。

美国物理学家费曼说："一个人如果不懂数学，那就很难体会到大自然最深层次的美。"许多物理学家相信上帝是个数学家，而数学是诗体的逻辑。中国物理学家杨振宁说："我欣赏数学家的价值观，我赞美数学的优美和力量，它有战术上的机巧与灵活，又有战略上的雄才远略。而且，堪称奇迹中的奇迹的是，它的一些美妙的概念竟是支配物理世界的基本结构。"然而，虽然探索物理学理论所能精确预言的结论，需要借助数学，但数学不足以呈现出物理学那无尽的内涵。因为物理学最吸引人的一点不是数学，而是它的概念。在物理学中关键的不是公式计算，而是理解，所以杨振宁说："我要强调的是，物理学不是数学，这一点是清楚的。但是，数学在基础物理学中起着非常重要的作用，这一点也很清楚。"数学如今生气勃勃，其分支如此之广博，几乎无人能知其全部。

爱因斯坦曾深有体会地说："迄今为止，我们的经验已经使我们有理由相信，自然界是可以想象到的最简单的数学观念的实际体现。我坚信，我们能够用纯粹数学的构造来发现概念以及把这些概念联系起来的定律，配合西方概念和定律是理解自然现象的钥匙。经验始终是数学构造的物理效用的唯一依据。但是这种创造的原理都存在于数学之中。因此，在某种意义上，我认为，像古代人所梦想的，纯粹思维能够把握实在，这种看法是正确的。"

科学的范式：数学与哲学的关系

没有哲学的数学是盲目的技巧，没有数学的哲学是空洞的思辨。从古到今，人类一直在用不同的宇宙图景试图把握我们的外部世界，这种图景就是科学哲学中所说的"范式"，从地心说到日心说，从宇宙静止到宇宙膨胀，都是人类对世界图景的认知"范式"的转移。每一次"范式"的转移都产生了科学革命。

美国科学哲学家托马斯·库恩认为，科学发展的历史是一部同科学共同体密切联系的历史，科学作为一个在时间和空间上扩展的复杂过程，其发展规律的内在性是同这个过程的主体不可分割地结合在一起的。在库恩看来，科学作为科学共同体活动的结果，它表现为科学"范式"的不断完善和不断更迭。库恩认为："科学共同体取得一个范式就是有了一个选择问题的标准，当范式被视为理所当然时，这些选择的问题可被认为是有解的问题。""范式就是一个公认的模型或模式。"科学革命就是新"范式"对原有的"范式"造成强烈的冲击，使旧范式向新范式进行了转移，导致科学革命。当日心说替代地心说时，就是以太阳为中心的信念代替了以地球为中心的信念，这是范式的转移，结果就是，以地心说为核心的知识体系被日心说的知识体系所取代，最终确立了牛顿的经典时空观。当爱因斯坦的相对论时空观摧毁了牛顿经典时空观的基石时，一个全新的宇宙图景出现在人们面前。而量子力学的时空观更把我们的视野从超大尺度拉回到超小尺度，又从超小尺度伸展到超大尺度，经过几个回合的时空认识，产生了重大的科学革命，并对我们的时空观造成重大的冲击。

库恩认为"范式是一个成熟的科学共同体在某段时间内所接纳的研究方法、问题领域和解题标准的源头活水。因此，接受新范式，常常需要重新定义相应的科学"。科学范式非常重要。天文学家第谷终其一生观测了大量关于星空的数据，然而由于他反对哥白尼的日心说，坚持地心说，虽然也建立了自己的"第谷"繁体，其本质仍是地心说，这导致他虽然有大量精确的观测数据，但无法从这些数据中发现内在的规律，而他的助手开普勒是一位坚定的毕达哥拉斯－柏拉图主义者，更是坚定的哥白尼主义者，由于开普勒有了正确的宇宙图景范式，他得以从第谷手中继承的大数据中发现了宇宙三大定律，成为宇宙的立法者。

爱因斯坦的广义相对论深刻地影响我们对宇宙的理解，并开创了"宇宙学"这一正式的学科。科学界在 20 世纪初对宇宙的基本认知范式是，宇宙是静态的、永恒的，而不是收缩和膨胀的。爱因斯坦也是这种静态宇宙范式的坚定支持者，他当时相信宇宙是静态的。但是，当爱因斯坦将广义相对论和他的引力公式应用到整个宇宙后，他的广义相对论原始方程却预言宇宙是不稳定的。爱因斯坦的引力公式表明，宇宙中的天体都在宇宙尺度上被拉向其他天体。这种引力将导致宇宙急剧膨胀后又会全方位地坍缩，宇宙似乎有一个动态的演化过程。如果顺着这样的思路深入下去，就可以从爱因斯坦的原始方程预测出星云的红移现象，但爱因斯坦改变了思路。

爱因斯坦重新审视了他的广义相对论之后，为了使公式符合他所相信的一种均匀的、各向同性的静态宇宙假设，在引力公式中人为地添加了一个被称为宇宙常数的项。爱因斯坦意识到，通过仔细选择宇宙学常数的值，可以完全抵消传统的引力吸引，阻止宇宙坍缩。这样就可以解释一个静态的、永恒的宇宙。虽然宇宙常数的引入使爱因斯坦的宇宙平静了，但他承认，常数的引入影响了理论的形式美。就这样，从爱因斯坦的广义相对论出发，可以看到两个完全不同的景象，其中一个带宇宙学常数，使得宇宙是静态和永恒的；另一个不带宇宙学常数，宇宙是动态和演化的。

1931 年，美国天文学家哈勃发表了一篇论文，他用冷酷无情的数据表明，宇宙真的是在不断扩张，而且呈系统性方式进行。根据哈勃定律，宇宙中的所有物质在开始时集中在一个相对较小的区域，然后一直膨胀至今。这一描述与宇宙是静态的、永恒不变的模型相矛盾。

1931 年 2 月 3 日，爱因斯坦访问了哈勃所在的威尔逊山天文台，并向聚集的记者公开宣布，放弃自己的静态宇宙模型，支持大爆炸宇宙模型。他后来把在原始的广义相对论方程中加入宇宙常数的做法称为"一生中最大的错误"。如果爱因斯坦当初对他出色的方程式所得出的结果能够接受的话，那么他将比哈勃早 10 年发现并提出宇宙膨胀学说。难以想象，像爱因斯坦这样的天才也会犯错，而事实确实如此。说明一个人一旦形成某种哲学世界观，他的思维定式是非常根深蒂固的，天才也不例外。

同样的例子在中国也存在，为什么哈雷彗星不是我们中国人的科学发现成果？因为我们中国人的宇宙哲学不是哥白尼式的。从观察记录来看，中国早在公元前 1057 年就有对哈雷彗星的记录，连续的记录始于公元前 240 年。到 1911 年，共有近 2600 条关于彗星近日的记录，而英国天文学家哈雷仅凭 1531 年、1607 年和 1682 年的三次记录，就根据牛顿的万有引力定律计算出这颗彗星的运行轨道，并预言 1758 年底或 1759 年初这颗看似神秘的彗星将再度回归。在哈雷逝世 16 年之后的 1758 年的圣诞之夜，彗星果然重现天际，1759 年通过近日点，在此后的 1835 年、1910 年、1986 年，均如期回归。于是，此星被命名为哈雷彗星。

中国唐朝著名天文学家一行，他曾组织了世界上第一次子午线测量。在唐玄宗时期，一行负责修订历法，制定了中国历史上有名的《大衍历》。在中国天文学上，二十八宿是作为定标用的，所以准确地测定二十八宿的方位，有着十分重要的意义。唐代在制定《大衍历》之前，使用的是汉代观测的数据，即使有错，人们也不更改。一行在数学方面有坚实的基础，他打破常规，大胆地在《大衍历》中第一次使用了新的观测数据，大大地提高了精度，唐宋的天文学家对《大衍历》评价很高。然而，遗憾的是，由于一行从小就喜欢《周易》，青年时也因《周易》之学名震京都，这使他在制定历法时，也以《周易》附会历法的基本数据，甚至一行为了使《大衍历》附会《周易》，不惜降低天文数据的精度。一行以《周易》牵强附会历数，眩其立数之神奇，也取得了一些人的盲目信任。虽然盛誉一时，但最终还是给《大衍历》带来了损害。《大衍历》颁行不久即发现有误差，所推节气也明显失实，仅用 20 余年即废止。

古希腊数学一开始就被哲学化了，从此数学始终在影响着哲学，哲学学派也就派生出了许多数学学派。古希腊的数学学派有：伊奥尼亚学派、毕达哥拉斯学派、诡辩学派、智者学派、埃利亚学派、原子论学派、雅典学派、柏拉图学派、亚里士多德学派、亚历山大里亚学派等，到了近代则有哥廷根学派、柏林学派、彼得堡学派、意大利代数几何学派、法国函数论学派、直觉主义学派、逻辑主义学派、形式主义学派、莫斯科学派、布尔巴基学派等。哲学研究世界上一切事物共同的普遍的规律，研究人如何认识世界，研究概念的意义。数学研究的东西使人难以想象，高维空间、非欧几何、超限数、豪斯多夫空间、希尔伯特空间，都是高度抽象的。

归纳与演绎、经验与理论是人类认识世界的两条基本道路和方法，它们相互支持，相互补充。古希腊哲学家多推崇演绎推理，这大概是因为当时最发达最有系统的科学只有几何学。亚里士多德对逻辑学进行了系统研究，写出了论述"三段论"推理方法的名著《工具论》。到了中世纪，亚里士多德被经院哲学家奉为绝对权威，他的逻辑学成了经院哲学家们进行神学思辨的基本方法，从词句到词句，从原理到原理，只是空洞的思辨，产生不出真正的知识。在中世纪，人们不再关心外部世界，神学是人们的首要关注对象，直到文艺复兴时期哲学家才转向物理世界。从亚里士多德时代到17世纪，这2000多年中，欧洲的科学发展十分缓慢。

理性主义源自柏拉图，是一种经久不衰的数学哲学流派，在17世纪和18世纪初叶，凭借笛卡儿、斯宾诺莎和莱布尼茨的著作而繁荣起来。它的特征就是试图把已知的数学方法论推广到整个知识领域。哲学的中心问题从"世界是什么样的"变成"人怎样认识世界"。这个时候，数学扩大了自己的领域，它开始研究运动与变化。他们认为感觉和经验是不可靠的，数学演绎才是有效的方法。斯宾诺莎的《伦理学》就是用《几何原本》的演绎体例写成的。

对理性主义的反对主要来自经验主义，经验主义者认为数学观念源自经验，经验主义可以追溯到亚里士多德。17 世纪英国出现的唯物主义经验论哲学学派，开创者是培根，集其大成加以系统化者为洛克。培根已提出对经验分类归纳。培根写了一本名为《新工具》的书，系统地阐述了归纳推理的方法，认为归纳法以科学实验、经验事实为基础，是切实可靠的获得知识的方法。

理性主义者崇拜数学，而笛卡儿和莱布尼茨本身就是数学家。经验主义则倾向贬低数学的重要性，这或许是因为数学不怎么适合他们的知识获得模型。这两个学派的共同基础是，至少在某种意义上，数学是先天的，或是独立于经验的，而主要的争论则在于感官经验在知识的获取中到底起着多大的作用。

理性主义和经验主义之间的冲突为康德的努力提供了核心的动力，他试图将两者最合理的特征综合在一起，其结果就是一种英勇无畏的尝试。哥白尼和开普勒之所以能更好地把握天文数据，是因为他们否定了地球和人类处于宇宙不动中心的传统学说，而接受人类和地球围绕太阳旋转这个假说。康德以同样的方式，把主客体关系颠倒过来，主张我们所认识的客体是由主体的经验方式和思维方式形成的。认识论前提的这种转换，就称为哲学中的哥白尼式革命。这是康德知识论的核心。

由于康德的影响，物理学家不自觉地接受了这种观点，即符合这样的基本原则：欧几里得几何的概念和基本原理都是自明的。现在我们知道，康德在坚持欧几里得几何的问题上是不正确的！非欧几何的出现使得康德哲学的努力化为泡影。虽然如此，康德"哲学中的哥白尼式革命"仍然产生了深远的影响，当今最前沿的科学人工智能就深受康德哲学的影响。康德对数学的观点是其整个哲学观不可分割的部分。理解他对数学的观点是理解康德哲学的关键。

从 1900 年到 1930 年的 30 年间，许多数学家卷入了一场关于数学哲学基础的讨论，针对数学真理体系的标准，如完备性、相容性、逻辑性、封闭性等方面展开广泛的争论，并逐渐形成不同的数学基础学派的争论，主要有逻辑主义、形式主义和直觉主义三个学派。但集合论中出现了悖论，数学基础受到了严重挑战。1931 年哥德尔的不完备定理对这些数学基础工作进行了否定，使数学丧失了确定性。

美国数学史家 M·克莱因认为，关于自然界的知识 —— 科学理论，仅仅只是我们对世界的一种认识，一种解释，与自然界本身完全是两回事。牛顿力学、相对论、量子论等一切知识，都不能说已揭示了自然界的真面目，因此，利用数学去探索知识将是一个永无止境的活动。面对浩渺的宇宙和自然，哲学思考的和数学探索的，都不过是沧海一粟。

数学的悲歌：原始创新不被喝彩

爱因斯坦说："谁要是把自己标榜为真理和知识领域里的权威，谁就会在众神的嘲笑声中覆灭。"

19世纪的天文学家们正在努力寻找太阳系的行星。德国古典唯心主义的集大成者、哲学之王黑格尔宣称，关于自然界的知识能够由理念推导出来。1801年，黑格尔断言，要是人们稍稍注意一下哲学，就会立即明白，"只能有七颗行星，不多也不少"。因此，天文学家的搜寻是浪费时间的愚蠢行为。黑格尔曾有一句名言："无知者是不自由的，正因和他对立的是一个陌生的世界。"他的这句话最终应验在他自己身上。

1846年9月23日海王星被发现，这是唯一利用数学预测而非有计划的观测发现的行星。天文学家利用天王星轨道的摄动推测出海王星的存在与可能的位置，海王星是太阳系八大行星中距离太阳最远的。发现海王星的是法国工艺学院的天文学教师勒维耶，他以自己的热诚独立完成了海王星位置的推算。黑格尔关于无知的名言在他自身那里得到了印证。

黑格尔反对牛顿在光学中使用数学方法。他说："有人说牛顿是一位伟大的数学家，好像这就证明了他的颜色理论是正确的。然而，唯有数量才能从数学方面加以证明，物理的东西则不能从数学方面得到证明。在颜色方面数学是无足轻重的。"黑格尔嘲笑牛顿的光理论是"野蛮无知的"，并且严厉批评牛顿在实验方面的愚笨和错误。特别是他严厉批评了牛顿在《自然哲学的数学原理》一开始对开普勒的面积定律做的所谓的数学证明。他认为，牛顿关于正弦和余弦在无穷小三角形中可视为相等的设想违背了数学的基本原理。而且更为严重的是，"数学完全不可能证明物质世界的质的规定，因为它们是以主题的质的特点为基础的定律。"

第一次以数学方式提出能量守恒定律的德国物理学家赫姆霍兹评论："黑格尔自己觉得，在物理科学的领域里为他的哲学争得像他在哲学领域中的地位。于是，他就异常猛烈而尖刻地对自然哲学家，特别是牛顿，大肆进行攻击，因为牛顿是物理研究的第一个和最伟大的代表。"赫姆霍兹说黑格尔的"自然哲学体系，至少在自然哲学家的眼里，乃是绝对的狂妄。和他同时代的有名的科学家，没有一个人拥护他的主张"。

黑格尔曾评论中国的"汉语不宜思辨"，这引起了中国著名学者钱锺书的反驳。钱锺书对黑格尔的看法有点恼火，教训他："不知汉语，不必责也；无知而掉以轻心，发为高论……"钱锺书在他的名著《管锥编》中说："黑格尔尝鄙薄吾国语文，以为不宜思辨；又自夸德语能冥契道妙。"

诺贝尔化学奖得主、著名化学家普里戈金评论黑格尔哲学，"在几代科学家看来，它代表了憎恶和藐视的一个缩影"。普里戈金说："黑格尔的自然哲学系统地吸收了牛顿科学所否认的一切。"

这种像黑格尔一样自以为是的权威跨界评论屡见不鲜，达尔文进化论最杰出的代表，英国著名博物学家托马斯·亨利·赫胥黎对数学有着莫名其妙的判断："数学只是游戏""数学对观察、实验、归纳和因果律完全无知"。简言之，数学对科学的目的没有用处！

克罗内克是19世纪德国著名的数学家。对代数和代数数论，特别是椭圆函数理论有突出贡献。克罗内克的数学观对后世有极大的影响。他主张数学分析与算术都必须以整数为基础。他的名言是："上帝创造了整数，其余都是人做的工作。"这反映了他对当时的分析学持批判态度。但是，他作为直觉主义的代表人物，却极力反对另一位德国伟大数学家康托尔的集合论。

康托尔是19世纪末20世纪初德国伟大的数学家，集合论的创立者。是数学史上最富有想象力、最有争议的人物之一。19世纪被普遍承认的关于存在性的证明是构造性的。你要证明什么东西存在，那就要具体造出来。因此，人只能从具体的数或形出发，一步一步经过有限多步得出结论来。至于"无穷"，许多人更是认为它是一个超乎于人的能力所能认识的世界，不要说去数它，就是它是否存在也难以肯定。

德国大数学家高斯曾明确表态："我反对把一个无穷量当作实体，这在数学中是从来不允许的。无穷只是一种说话的方式……"法国大数学家柯西也不承认无穷集合的存在。他不能允许部分同整体构成一一对应这件事。数学的发展表明，只承认潜无穷，否认实无穷是不行的。

而康托尔竟然"漫无边际地"去数它，去比较它们的大小，去设想有没有最大基数的无穷集合的存在……这从根本上背离了数学中关于无穷的使用和解释的传统，从而引起了激烈的争论乃至严厉的谴责。

　　集合论一经问世，立即遭到当时一批赫赫有名的数学家的猛烈进攻。攻击得最为激烈，也最为长久的是康托尔的导师 —— 比他年长的著名数学家克罗内克。他认为只有他研究的数论及代数才最可靠。因为自然数是上帝创造的，其余的是人的工作。他对康托尔的研究对象和论证手段都表示强烈的反对。由于柏林是当时的数学中心，克罗内克又是柏林学派的领袖人物，所以他对康托尔及其集合论的发展前途的阻碍作用非常大。克罗内克认为，康托尔关于集合论的研究工作简直是一种非常危险的"数学疯病"，并在许多场合下，用各种刻薄的语言，对康托尔冷嘲热讽达 10 年之久。康托尔经受不住克罗内克等人连续粗暴的围攻，精神渐渐崩溃了。在４０多岁时，患上了严重的忧郁症，整日极度沮丧，惶惶不安，30 多年后最终在医院默默死去，这是数学史上著名的悲剧。

　　然而数学的发展最终证明康托尔是正确的。他所创立的集合论被誉为20 世纪最伟大的数学创造，集合论的概念大大扩充了数学的研究领域，给数学结构提供了一个基础，集合论不仅影响了现代数学，而且也深深影响了现代哲学和逻辑。

　　科学史家贝尔在回顾这段令人痛惜的往事时说，克罗内克认为集合论的出现是一种"数学疯病"，然而被送进精神病院的并不是集合论而是康托尔。实际上，克罗内克的攻击打垮了这一理论的创造者。

　　爱因斯坦曾经苦思冥想：哪一条科学定律是当之无愧的最高定律？最后的结论是：一种理论前提越为简练，涉及的内容越为纷杂，适用的领域越为广泛，那这种理论就越为伟大。经典热力学就是因此给我留下了极其深刻的印象。我相信只有内容广泛而又普遍的热力学理论才能通过其基本概念的运用而永远站稳脚跟。

　　热力学第二定律指出，自然界的一切实际过程都是不可逆的。最早把热力学第二定律的微观本质用数学形式表示出来的是奥地利物理学家玻尔兹曼。玻尔兹曼引入的"概率式思考"，成为物理学中不可或缺的基本元素。可观察到的气体分子，只有在考虑所有分子的整体动态表现时，才可以发现它们的行为在统计力学上遵循严谨的法则。玻尔兹曼证明，如果给定系统一个统计或概率上的解释，那么热力学第二定律，一个独立的物理系统，总是会随着时间往最大熵移动。玻尔兹曼用最大熵的方向代表"时间的方向"，并证明了不可逆的物理过程的存在。

　　用牛顿力学来解释物体内每一个分子的运动，实际上是不可能的，玻尔兹曼运用统计的观念，只考察分子运动排列的概率，来对应到相关物理量的研究，对近代物理学的发展非常重要。

　　1877 年，他把物理体系的熵和概率联系起来，阐明了热力学第二定律的统计性质，玻尔兹曼提出，用"熵"来量度一个系统中分子的无序程度，并给出熵 S 与无序度 W（即某一个客观状态对应微观态数目，或者说是宏观态出现的概率）之间的关系为 $S=k \log W$。这就是著名的玻尔兹曼公式，其中常数 k 是玻尔兹曼常数。S 是宏观系统熵值，是分子运动或排列混乱程度的衡量尺度。W 是可能的微观态数。W 越大，系统就越混乱无序。由此看出熵的微观意义：熵是系统内分子热运动无序性的一种量度。该公式后来刻在了玻尔兹曼的墓碑上。

　　在玻尔兹曼时代，原子是否存在一直是一个重要的学术争论焦点，作为哲学家，他反对实证论和现象论，并在原子论遭到严重攻击的时刻坚决捍卫它。玻尔兹曼与奥斯特瓦尔德之间发生的"原子论"和"唯能论"的争论，在科学史上非常著名。1895 年，诺贝尔化学奖得主、物理化学的创始人奥斯特瓦尔德公开反对原子论，遭到了玻尔兹曼的强烈反对。而支持奥斯特瓦尔德的是 19 世纪大名鼎鼎的物理学家马赫，他是著名的反对原子存在的实证论代表人物。马赫他们认为，对于任何从原子论的角度来探讨其微观机制的企图均不以为然，认为分子和原子既然不能直接观测，那么研究分子运动规律就是空想。他们满足于热力学理论，提出"唯能论"的观点，认为物理学的任务就是研究能量的改变与转化的规律，而研究分子运动是多余的。由于玻尔兹曼在捍卫原子论的论战中，势单力薄，虽然当时还名不见经传的物理学家普朗克也支持玻尔兹曼，但由于马赫在科学界的巨大影响，当时许多著名的科学家也拒绝承认"原子"的实在性。玻尔兹曼对于科学权威对新思想的压制，评论道："如果对于气体理论的一时不喜欢而把它埋没，对科学将是一个悲剧。例如，牛顿的权威使波动理论受到的待遇就是一个教训。我意识到我只是一个软弱无力的与时代潮流抗争的人，但仍在力所能及的范围内做出贡献，使得一旦气体理论复苏，不需要重新发现许多东西。"

　　虽然这次争论最终以玻尔兹曼的胜利告终，但由于长期的争论，使得玻尔兹曼身心俱损。1906 年，他以自杀的方式结束了自己的生命，成为科学史上的又一个悲剧。刚好也是在这一年，爱因斯坦从理论上解释了布朗运动，间接地证实了分子的无规则热运动，对于物质结构的原子性具有重要意义。普朗克就是在这一学术争论背景之下，悲愤地说出了科学史上著名的"普朗克原理"。"一个新的科学真理取得胜利并不是通过让它的反对者们信服并看到真理的光明，而是通过这些反对者们最终死去，熟悉它的新一代成长起来。"普朗克是德国著名的物理学家，由于创立了具有划时代意义的量子论，而荣膺了 1918 年度的诺贝尔物理学奖，被誉为"现代物理学发展的精神之父"。普朗克定律表达了创新思想在萌芽阶段受到权威压制的普遍现象。普朗克早期主要埋头于热力学的研究。1879 年，在他提交给慕尼黑大学的博士论文中，提出了有关热力学第二定律的一些新思想。物理学的老前辈更是对普朗克的新思想毫无兴趣，就连他的导师 —— 独立发现热力学第一定律的赫尔姆霍茨对普朗克关于热力学第二定律的新思想也加以反对、嘲笑甚至极力抵制。

1908 年，当时原子论最坚决的反对者奥斯特瓦尔德主动宣布：原子假说已经成为一种基础巩固的科学理论。随后，原子物理、原子核物理、粒子物理、固体物理等领域的巨大成就，成为 20 世纪物理学发展的主流。如果玻尔兹曼地下有知，也会欣慰吧。玻尔兹曼被公认为统计力学的奠基者。

以上的例子是权威压制创新的事例，在数学史上更有原始创新被权威无视的悲凉案例，在这一点上，是不分中国或外国的。

16 世纪时，意大利数学家塔塔利亚和卡尔达诺等人，发现了三次方程的求根公式。这个公式公布没两年，卡尔达诺的学生费拉里就找到了四次方程的求根公式。当时数学家们以为马上就可以写出五次方程、六次方程，甚至更高次方程的求根公式了。然而，时光流逝了 300 多年，也没有找出这样的求根公式。直到 1823 年，挪威 21 岁的青年数学家阿贝尔给出了答案：五次方程的求根公式无解。阿贝尔曾将这篇给出证明的论文托人给伟大的高斯看。可惜的是，高斯根本就没看！高斯去世后，这篇论文仍夹在他的论文中，没有被打开过。

后来阿贝尔又研究了超越函数，这篇论文叫《关于一类极广泛的超越函数的一般性质》。阿贝尔把论文提交给了当时世界的数学中心法兰西科学院。数学物理学家傅里叶读了论文的介绍，指定柯西为审阅人之一，并由柯西负责向学院提交一份报告。悲催的是，柯西把这篇论文弄丢了！

阿贝尔又开始了《椭圆函数研究》，他的这项研究为后来的伽罗瓦的群论提供了重要的思路。阿贝尔之后发表的第三篇论文《利用定积分解两个问题》，成为现代放射医学的数学基础。年仅 26 岁时，阿贝尔在贫困交加中去世。

阿贝尔被公认为现代数学的先驱，翻开现代数学的教科书和专门著作，阿贝尔这个名字是屡见不鲜的：阿贝尔积分、阿贝尔函数、阿贝尔积分方程、阿贝尔群等。历史上只有很少几个数学家能使自己的名字同数学中这么多的概念和定理联系在一起。2001 年，为了纪念 2002 年挪威著名数学家阿贝尔 200 周年诞辰，挪威政府宣布建立一个世界性的数学界大奖，每年颁发此奖金。目前还没有中国人获得过此奖。

尽管阿贝尔毫不含糊地证明，只使用涉及简单代数运算公式不能解出一般五次方程，但他的证明原则上仍允许每个具体的方程可以拥有自己的公式解。为了回答五次方程的可解问题，法国青年数学家伽罗瓦开创了一个全新的数学思想：群论。群论是方程存在公认的解的条件。这是重大的原创思想。但由于太过创新，19 世纪的大数学家还不能完全接受。群论中对称的概念是关键，伽罗瓦的理论开创了现代方程理论。1829 年伽罗瓦发表了他的第一篇数学论文。这篇相对次要的论文处理了被称为连分数的数学问题。在伽罗瓦发表这篇论文的 5 天后，阿贝尔去世。

伽罗瓦的论文也提交给了法兰西科学院，并由柯西、傅里叶、纳维尔和泊松几位大数学家审阅。可惜的是，这次论文被傅里叶弄丢了。1832 年 5 月 30 日的早上，伽罗瓦参加了一场决斗，不幸的是，他是输掉的一方，他去世时，年仅 21 岁。

1957 年，一位叫陆家羲的中国青年，偶然得到一本数学家孙泽瀛先生著的《数学方法趣引》，他立刻被书中的世界级数学难题深深吸引了，书中的组合数学难题"科克曼女生问题"和"斯坦纳系列问题"，早在 19 世纪就被提出，100 多年来悬而未决。陆家羲立刻萌生一个念头：我要攻克这个世界难题！他先从"科克曼女生问题"开始，经过几年艰苦而孤独的推算，终于破解了这一世界级难题。从 1961 年开始，他把论文寄给中国顶级数学杂志和机构，都石沉大海！ 10 年后的 1971 年，意大利两名数学家向全世界宣布"科克曼女生问题"解决了！而此时的陆家羲却浑然不知，18 年里，他一次次投稿，却一次次被拒，直到 1979 年，当他从世界权威期刊《组合论》杂志，了解到科克曼问题已于 1971 年在国外被破解了，破解者是意大利的数学家时，陆家羲欲哭无泪。虽然 18 年的心血好似白费了，但他并没有气馁，而是很快振作起来，把目光转向数学王国的另一座高峰 —— "斯坦纳系列问题"。这是与陈景润"哥德巴赫猜想"齐名的另一大世界级数学难题！

1980 年，他完成了"斯坦纳系列"论文。他再次登上了世界数学的巅峰！论文被苏州大学的朱烈教授看到，他慧眼识珠。朱教授建议陆家羲把论文直接寄给世界权威期刊《组合论》。1983 年，陆家羲的论文正式发表。至此，130 多年的"斯坦纳系列问题"这一难题，被中国的陆家羲最先攻破了！随后他又把相关的 6 篇论文相继寄往美国，仅仅一个月，他就收到了全部回信。从此，他的名字震撼了西方数学界！然而，他当时的身份只是内蒙古包头市一名中学的物理老师！他攻克世界难题用的全部是业余时间！正当他开始跻身世界顶级数学家行列之时，却由于长年积劳成疾，在 1983 年英年早逝，年仅 48 岁。

1984 年 9 月，中国组合数学学会组织了"陆家羲学术工作评审委员会"，对他一生的研究成果给予高度评价。1987 年，陆家羲的关于《不相交的斯坦纳三元系大集》的研究成果，被国家科委评为国家自然科学奖一等奖。他是国家自然科学奖一等奖得主中唯一最具震撼性的"另类"。陆家羲被誉为"中国最伟大的业余数学家"。

中国自古就有"英雄不问出处"之说，然而陆家羲中学物理老师的身份，却长期受到了傲慢与偏见的对待。另外，如果没有国际期刊的公开发表，或许陆家羲这个数学天才将终其一生都被埋没。这种贵远贱近、缺乏自信的心态都是值得我们反思的。

在整个人类科学史上，真正的原始创新是不被喝彩的，它们以各式各样的不起眼的面貌出现，由于这些真正的原始创新往往是颠覆当时的科学秩序的，所以原始创新一出现，总是会被当时的学术权威排挤、压制，这样的现象在科学史上数不胜数，并非某国科学界所独有。大家都熟悉的科学巨匠均曾不同程度地遭受过来自权威的压制，比如孟德尔、普朗克、法拉第、欧姆、阿贝尔、玻尔等。科学史上的著名悲剧主要来自学术权威的打压与抵制，更有甚者是招致来自恩师的压制，像法拉第、康托尔等。哥白尼的《天体运行论》、哈维的《心血运动论》、牛顿的《自然哲学的数学原理》、达尔文的《物种起源》、孟德尔的《植物杂交试验》等，在科学界都曾遭遇过长时间的冷遇和抗拒。真正的原始创新在诞生时很少是被欢呼的，真正的基础原始创新确实要经过一代甚至几代人的努力，才会真正在科学界站稳脚跟。

永远要仰望星空：想象比知识重要

中国著名的企业家、小米创始人雷军曾发出这样一个感叹："我们做的事别人都能做。可是马斯克干的事，我们想都不敢想。"2020年，美国知名企业家马斯克的"星链"计划第七批60颗卫星发射成功，该计划下已经有420颗卫星运行于近地轨道。虽然星链计划所构建的卫星互联网成败依然未知，但震撼我们的恰恰是这种颠覆式创新所带来的更多可能。雷军所感叹的实际上是原始创新与模式创新之间的区别。爱因斯坦说"想象力比知识更重要"。

中国伟大的浪漫主义诗人屈原，在2000多年前写了一首有关宇宙和起源的《天问》长诗，追问人类起源、天地离分、阴阳变化、日月星辰等自然现象，抒发自己悲愤的心志。今天，中国的"天问一号"已登陆火星，用中国人自己的方式回答了中国的千年之问。

天文学造就了人类理解自然的心灵。17世纪的日心说取代地心说，用了2500多年。在20世纪初，人类以为认识的宇宙就是银河系，美国天文学家哈勃的观测发现，银河系只是宇宙众多星云中的一个，人类认识的宇宙尺度突然变得极度广阔无涯。

中国人抬头仰望的星空，是个神话与浪漫的国度，天问、祝融、嫦娥、

✳ 第八章 ✳
数学文化的形成

玉兔、广寒宫、悟空、天宫、北斗……今天，中国人正以自己的努力实现神话般的现实！中国载人飞船叫神舟，中国探月工程叫嫦娥，行星探测任务叫天问，载人空间站叫天宫，卫星导航系统叫北斗，月球车叫玉兔，火星车叫祝融，暗物质粒子探测卫星叫悟空……

2020 年 7 月 23 日，天问一号和祝融号满载航天梦想，踏上了奔火之旅。2021 年 5 月 15 日，我国首次火星探测任务天问一号探测器在火星乌托邦平原南部预选着陆区着陆，在火星上首次留下中国印迹，迈出了我国星际探测征程的重要一步。

2021 年 6 月 17 日，搭载神舟十二号载人飞船的长征二号 F 遥十二运载火箭，在酒泉卫星发射中心点火发射。随后，神舟十二号载人飞船与火箭成功分离，准确进入预定轨道，顺利将 3 名航天员送入太空。当天 18 时 48 分，3 名航天员顺利进驻中国空间站天和核心舱，这标志着中国人首次进入了自己的空间站。

如果说 500 年前是大航海时代，那么当今世界已经迎来了大航天时代。中国人要紧紧地抓住这千年的机遇，义无反顾地投入大航天事业中，要敢于拓展人类的星际疆界，我们的征程是星辰大海。

当李约瑟在敦煌莫高窟里检视中国古代的星象图，认识到它们的格局之庞大、历史之久远，且流传之广泛时，他理解到中国人自古以来对天上星辰的着迷和他们的思考格局"如大洋般的恢宏"，中国人也曾以极大的热情仰望星空，通过对宇宙的思考而反观自身与自然的关系。也许这种过于宏大终极的思维方式，让中国倾向于迅速进入某种境界，而没有产生导致科学的那些中间的求真步骤，但谁能说，这样的思维随着历史斗转星移，某一天不会显示和发挥出它独特的优势呢？

第九章

中国数学西化的三百年历程

近代科学的兴起是以现代性为基本特征的，现代性是自伽利略、笛卡儿、牛顿时代以来西方思想所特有的一种自我意识。在现代性中，人取代神成为自然的中心，并试图运用一种新的科学和技术来征服自然。科学大大增强了人类的力量，但并没有产生西方所预言的和平、自由和繁荣。现代性的基本特征是：科技现代化、理性化、物质化、机械化、以人为中心、反神性；其积极方面异化的结果是：人口爆炸、环境污染、物种灭绝、核战危机等。更深层的罪恶是：与日俱增地加剧着人们心灵上的痛苦。事实上，在一些战后思想家看来，所谓的现代性已经引出了人性中最坏的东西，并以惊人的方式证明了卢梭的说法，即艺术与科学的进步虽然提升了人类的力量，但同时也破坏了仁义道德。后现代主义作为当代流行的一种文化思潮，是对现代主义的批判和反思。

后现代科学的出路：东方智慧

自 17 世纪以来，科学获得了巨大发展，人类开始理解宇宙法则。18 世纪的"启蒙"运动，使人们意识到在"上帝、人、自然"三者的关系中，大自然具有更重要的地位，进而理解了人只能服从"自然"法则。19 世纪，自然科学在各个领域都获得了划时代的进展。天文学继哥白尼革命、开普勒提出行星运动三大定律之后，康德于 1755 年发表了《宇宙发展史概论》，阐述地球和太阳系都不是亘古不变的，而是按时间顺序逐渐产生的。1796 年，法国数学家、物理学家拉普拉斯在《宇宙系统论》一书中提出了与康德类似的"星云假说"，并做了详细的数学论证。这种天体深化的思想打开了 17、18 世纪占统治地位的绝对不变的形而上学自然观的缺口，成为后来自然科学继续进步的起点。物理学继伽利略、牛顿创立的经典力学之后，法拉第、麦克斯韦创立了电磁学，迈尔、焦耳发现了能量守恒转化定律。化学继燃素说之后，拉瓦锡奠定了关于燃烧和氧化过程的理论，推翻了燃素说，引起了化学领域的一场革命；接着道尔顿、阿伏伽德罗又先后提出了原子论和分子论；门捷列夫发现了元素周期表；1828 年德国化学家维勒首次用无机物合成了有机物 —— 尿素，使 19 世纪成为化学突飞猛进的时期。地质学继 18 世纪火成论与水成论的激烈论战之后，进入了灾变论与均变论长期争论的时期，结果是赖尔于 19 世纪30 年代创立了地质渐变论，把变化发展的思想引入了地质学中。生物学继林奈的分类学之后，比较解剖学、胚胎学、古生物学、生理学也相继发展起来。19 世纪最突出的成就之一 —— 达尔文的进化论在世界范围内得到公认。此外，在遗传学、生命起源、人类起源等方面的研究也获得了长足的发展。

　　20 世纪 20 年代，在中国发生了一场长达一年的文化论战，史称"科玄论战"。1923 年 2 月，张君劢在清华大学作了一场关于"人生观"的演讲，其内容随后被发表于第 272 期的《清华周刊》。文中提出：科学有一定的应用范围，特别是"人生观问题之解决，绝非科学所能为力，惟赖诸人类自身而已"。这引起了地质学家丁文江的强烈反感，他于当年的 4 月 12 日在《努力周报》上发表《玄学与科学 —— 评张君劢的"人生观"》一文对张氏提出批评，于是"科玄论战"正式爆发：那些信奉科学的知识分子以胡适、丁文江为中心，以《努力周报》为媒介，聚成一个共同体，宣传自己的思想与主张；其对立面玄学派则以张君劢主编的上海《时事新报》和孙伏园所在的北京《晨报》为媒介，以梁启超、张君劢为中心，发动对科学派的反击。当时在中国凡是有点地位的思想家，全都曾参与其事。就"科玄论战"的最终结果而言，人们普遍认为科学派取得了胜利。胡适指出："这三十年来，有一个名词在国内几乎做到无上尊严的地位……这个词就是科学。这样几乎全国一致的崇信，究竟有无价值，那是另一问题。"

当时西方文化已在中国社会逐渐占据了强势地位，又由于西方文化主要就是一种科学文化，这就直接导致了中国社会对于科学的普遍推崇，认为科学无所不能。科学万能论在当时的中国社会是主流意识。而当时的欧洲刚刚经历了第一次世界大战，梁启超和张君劢曾在 1918 年对欧洲进行了一年的访问。这使得梁启超和张君劢对欧洲的悲惨状况深有体会，非常担心中国在科学万能论的社会氛围下会重蹈欧战悲剧的覆辙，于是主张提倡宋明理学以解决人生观的问题。

如果用今天的眼光看"科玄论战"，科学发展到今天确实没能让人的心灵得到安顿，反而使人们更焦虑，物质得到了极大丰富，精神却变得茫然空虚。于是，后现代主义横空出世。现代性的危机是，技术进步并不等于道德进步或人类幸福的增长。西方"以人为本"的思想是凌驾于自然之上的。1992 年由世界上 1700 名科学家发表的一份《世界科学家对人类的警告》，在开头就说道："人类和自然正走上一条相互抵触的道路。"对自然界的过量开发，对资源的浪费，臭氧层变薄，海洋被毒化，环境被污染，人口暴涨，生态平衡被破坏，不仅造成了"自然和谐"的破坏，而且严重破坏了"人与自然的和谐"，这些情况已经严重威胁到人类自身生存的条件。

在西方兴起的后现代主义则提出对科学的反思。人本主义者责备科学使人失去人性，退化为没有特殊本质和目的的机器，认为科学的大发展没有使人类痛苦的心灵得到慰藉。后现代主义认为，现代科学虽然给人类带来了巨大的物质财富，却证明了整个宇宙的荒凉和冷漠，而人类只是宇宙中偶然的、无足轻重的存在。当人类通过科学知道人的起源、爱和信仰都只不过是分子偶然排列的结果，所有劳动者、所有奉献、灵感及所有人类天才如日中天般的辉煌，都注定会随着太阳系的消亡而灰飞烟灭的时候，谁还能够对丰富多彩的人生抱有幻想？所以，后现代科学的任务，绝不是看破红尘，而是要建立人与自然的统一性与和谐性。这种新的价值观应是不以人为中心、能够自我调节的和谐的价值观，这种价值观应是整体的、综合的、平衡的价值体系。这种所谓的后现代科学正在寻求的价值观，在古老的东方智慧中早已存在。

1937 年，量子理论之父玻尔来到中国，其量子理论的核心是物质在粒子层面表现出粒子性和波动性两重性，即著名的"波粒二象性"。玻尔认为物质是以看起来互相包容的方式来表现自己的，这也是物质的存在方式。西方的物理学家花了很长时间才接受了这种理论。玻尔在访问中国期间，接触到了中国的阴阳思想，感到十分震惊。当时，中国的理论物理学家周培源陪同玻尔看《封神演义》。当玻尔看到姜子牙出示号令，打出一面带有太极图的令旗时，顿时指着上面的太极图大加赞叹，自称他的基本粒子原理、波粒二象性等均可以用太极图作为基本模式来进行阐释。

中国传统的阴阳理论的对立、制约、依存、互用、消长、平衡、转化、升降、出入、标本、表里等理性思辨的精彩学说把玻尔征服了。他没想到多年来通过最尖端的物理思想所作出的举世闻名的理论，竟然会与几千年前中国圣贤的智慧如此相似。于是他陷入深深的沉思中，这个沉思使他得出一个结论，即古老的东方智慧与现代的西方科学之间有着深刻的协调性，从此玻尔便一直对中国文化保持着浓厚的兴趣。

1947 年，丹麦政府为了表彰玻尔的功绩，封他为"骑象勋爵"。玻尔设计的族徽样式，采用的就是中国的太极图，颜色为红黑二色。他认为阴阳太极图是他互补理论的最佳象征和表述，同时在他的爵士纹章上刻了这样几个字：对立即互补。

中国人的"人、自然、心灵"的思维范式

要想准确地理解科学，必须回到历史中去。通过本书的论述，我们可以看到西方的科学文化传统是围绕着"人、神、自然"之间的关系进行讨论的。西方科学的定义是以理性为起点、以自然为对象、以人类为中心、以形式为逻辑、以数学为语言、以实验为手段的自由探索。科学定义的逻辑基础是数学。西方哲学的起点是不断地追问事物的本质，其结果是"眼见不一定为实"，导致人与自然形成紧张的关系；而中国智慧的起点是不断地联想事物的关系，一开始就承认眼见为实，导致中国人与自然形成和谐相处的关系。由此可见，西方的思维范式与中国传统文化的思维范式是多么的不同。中国东方智慧是与西方自然科学完全不同的框架和道路，不论在立场、观点还是思想方法、意识形态等方面都不同。中国人是紧紧围绕着"人、自然、心灵"之间的关系，展开精妙绝伦的思辨的。中国传统思维注重直觉、整体和综合、系统和定性；西方科学思维注重归纳和演绎、分析和实验、逻辑和定量。

对人与自然的关系的认识，西方的认知是"人与天地相对立"，拷问自然，征服自然。在中国哲学中没有"改造自然"的提法，中国人心目中的"自然"是天与地之间的山川河流、花虫草木、星辰大海，是没

有边界的万事万物。中国人的"天人合一"思想是把"人和天地浑然一体""天人感应""天地人三才""畏天命""奉天"理解为天是绝对不可侵犯的,人在天的面前是无为的,天地就是自然。《易经》中说:"观乎天文,以察时变;观乎人文,以化成天下。"中国道家的老子说:"人法地,地法天,天法道,道法自然。"道就是一,一就是太极,太极则是阴阳变化的平台。中国人的灵魂深处是效法自然,向自然学习,以自然为标准,认为符合自然的就是"仁义",不符合自然的就是"不仁"。天有阴阳,地有刚柔,人有仁义。虽然道家强调"我命由我不由天",但其基本前提是相信人类是自然之子,在尊重自然的框架下,充分挖掘人的潜能。中国人的自然观是以自然为师的,相信万物皆备于我,道家讲"天之道,利而不害;人之道,为而不争。"自然是生生不息的,尊重自然是中国人的内在基因。按照中国人对自然的态度,是不可能产生以拷问自然、征服自然为特征的西方实验科学的,而且也不需要对生态环境破坏巨大的科学!

哲学家冯友兰曾这样说过:"中国哲学家不需要科学的确实性,因为他们希望知道的只是他们自己;同样的,他们不需要科学的力量,因为他们希望征服的只是他们自己。在道家看来,物质财富只能带来人心的混乱。在儒家看来,它虽然不像道家说的那么坏,可也绝不是人类幸福中最本质的东西。那么科学还有什么用呢?"这一文化传统显然是不会孕育出西方式的科学的。

在庆祝中国共产党建党 100 周年之际,有一部热播的电视剧《觉醒年代》,其中的一场戏是"清末怪杰"、翻译家辜鸿铭先生的演讲,他在北京大学发表了一篇著名的演讲《论中国人的精神》。在这篇演讲中,辜鸿铭提到了中国人具有一种源于同情心或真正的人类智慧的品质：温良。中国人的这种品质既不是源于推理，也非产自本能，而是源于同情心 —— 来源于同情的力量。辜鸿铭强调，中国人之所以有这种强大的同情的力量，是因为"中国人完全地或几乎完全地过着一种心灵的生活"。辜鸿铭说："中国人最美妙的特质是：作为一个有悠久历史的民族，它既有成年人的智慧，又能过着孩子般的生活 —— 一种心灵的生活。"

西方人的精神生活外化于上帝，中国人的精神生活内在于心灵。辜鸿铭对中国人特质的观察是非常准确的。中国文化的儒、释、道三家，就是儒家讲"存心养性"，佛家讲"明心见性"，道家讲"修心炼性"。实际上，这就是生命的大科学。最有代表性的是中国的禅宗，经过中国儒家的消化吸收改造成了新儒学。周敦颐的无欲，朱熹的致知和专心，王阳明的知行合一，这些都是通往真理标准的主流道路。

张岱年先生曾指出："中国哲学只注重生活上的实证，或内心之神秘的冥证，而不注重逻辑的论证。体验之久，忽有所悟，以前许多疑难涣然消释，日常的经验乃得到贯通，如此即是有所得，中国思想家的习惯，即直接将此悟所得写出，而不更仔细证明之。"由此可见，与讲究分析、注重普遍、偏于抽象的西方传统思维方式不同，中国的直觉思维更注重从特殊、具体的直观领域中去把握真理，它超越概念和逻辑，是一种创造性思维，这显示出中国人在思维过程中活泼不滞、长于悟性的高度智慧。

中国人的"人、自然、心灵"的思维范式，实质上就是中国人的三个重要文化根基：儒、释、道。儒家关注"人"，佛家关注"心灵"，道家关注"自然"。中国传统思维以人为中心，用人的意识去认识世界，是一个世俗的、讲求实效、带有功利性的世界观。中国的传统思维认为我们的物质世界，不是牛顿所描绘的机械的世界，而是一个相互联系、相互作用、不可分割的整体，这就是系统观、整体观。中国人的整体观，有简单、直观、多维的特点，在"天人合一"的思维范式之下，主要体现在几个大的维度之上，如阴阳的维度、五行的维度、气的维度、精神的维度、藏象的维度、经络的维度、时间的维度。它们环环相扣，互为因果，形成一个无与伦比的整体思维和叹为观止的直觉主义。

中国人对于人与自然的关系，可以说处于"我见青山多妩媚，料青山见我应如是"的"和谐"境界。在中华民族的优秀传统文化中，先哲们不但在处理社会问题时非常关注"和谐"，把它视为政治学、伦理学的重要原则，而且在处理人与自然的关系时也非常关注"和谐"，把它视为尊重自然、保护环境的长远之计。在长达 5000 年的中华文明史中，这种人与自然相互和谐的理论不断得到充实、提升和发展。中国儒家面对自然是从道德层面去观察，形成儒家对自然的"道德化"；而道家面对自然是从逍遥的层面去观察，形成道家对自然的"审美化"；而佛家面对自然是从解脱的层面去观察，形成佛家对自然的"心灵化"。这种对自然道德的、审美的、宗教的观察形成了坚固的文化传统，而其中"自然的科学化"更多地体现在中国的中医之中。中医的思维范式就是中国文化、中国哲学的思维范式，就是系统、整体的思维范式。过去 100 年，由于我们存在文化自卑心理，在评价传统的阴阳文化时，喜欢用"朴素"来概括其中的文化特征，实际上更应该用"高级"来评价中国的传统智慧。

中国人的"整体观"思维范式体现在中医学说中。中医的系统观和整体观，是依靠阴阳五行哲学体系构筑起来的。"中医学是中国传统文化保存最全面的一份遗产。它和中国人的心理、中国人的性格、中国人的文化积淀密切相关。"中国人"天人合一"的思想，"阴阳五行"的思想，"气"的思想等，都被融会贯通于中医中。其中，"天人合一"就是人与自然的整体观。中国的儒、释、道文化在中医中都得到了具体的表现和应用。北京大学哲学系教授楼宇烈先生说："不懂中医，就不懂中国文化的根本精神。"

"李约瑟难题"的毕达哥拉斯主义解答

爱因斯坦在其 1953 年致斯威策的信中说："西方科学的发展是以两个伟大的成就为基础的，那就是：希腊哲学家发明的形式逻辑体系（在欧几里得几何学中），以及（在文艺复兴时期）通过系统的实验发现有可能找出因果关系。在我看来，中国的贤哲没有走上这两步，那是不用惊奇的，若是这些发现在中国全都做出来了倒是令人惊奇的。"

爱因斯坦的这一论断被李约瑟在 1961 年发表的论文《中国科学传统的贫乏和胜利》中引用，用来支持他所提出的"李约瑟难题"。李约瑟难题的实质内容在于中国古代的经验科学领先世界 1000 年，但为何中国没有产生近代实验科学，这是关于东西方两种科学研究范式的起源问题。

荷兰科学史家科恩认为，他已经回答了"李约瑟难题"。他在其科学史著作《世界的重新创造：近代科学是如何产生的》中认为，在科学革命之前存在着三种认识自然的方式。第一种是希腊时期的"理性的—思辨的"认识自然的方式，其代表是四个学派，即柏拉图学派、亚里士多德学派、斯多亚学派和伊壁鸠鲁学派；第二种是希腊化时期认识自然的方式，表现为"抽象的—数学的"方法，这种方法用数字和图形进行证明，与实在的联系不密切；第三种是文艺复兴时期产生的认识自然的方式，即"观察的—实验的"。

科恩认为，中国认识自然的方式是采取了一种"实用的—经验的—实践的"形式，其思维范式是整体的世界观。而希腊世界以两种不同形式发展出了一种理性主义的自然认识：以雅典为中心的四种自然哲学为代表的"理性的—思辨的"方式和希腊化时期以亚历山大为中心的"抽象的—数学的"认识自然的方式。科恩强调，中国"实用的—经验的—实践的"认识自然的方式和希腊"理性的—思辨的"认识自然的方式是把自然界分成各个方面来理解的、原则上等价的方法。但事后看来，作为发展的可能性，现代科学可能只存在于希腊的而非中国的自然认识之中。

与此同时，科恩还从文化移植的角度提出科学革命为什么没有在中国产生。他认为，从历史上看，文化遗产从一种文明移植到另外一种文明是创新的最重要的源泉之一。科恩所说的"文化移植"，其实就是"文明的冲突"。

希腊认识自然的方式至少经历了三次重大的文化移植，并且这三次文化移植都是以战争的形式产生的。第一次是8世纪将希腊文明移植到伊斯兰文明中，其结果是新首都巴格达成为从希腊文译成阿拉伯文的翻译中心。第二次是12世纪将希腊文明移植到中世纪的欧洲，其结果是西班牙的托莱多成为从阿拉伯文译成拉丁文的翻译中心。第三次是15世纪将希腊文明移植到文艺复兴时期的欧洲，其起因是1453年君士坦丁堡的陷落。希腊原始文明被传到西方，在意大利以及后来的欧洲其他地方被译成拉丁文。无论是在希腊文明、伊斯兰文明中还是在中世纪的欧洲，认识自然的进路和发展模式总体上变化都不大，即"理性的—思辨的"和"抽象的—数学的"。在欧洲，从大约 1600 年到 1640 年，主要是借助验证性的实验，"抽象的—数学的"自然认识第一次与实在密切关联了起来；在自然哲学中，通过把古代原子论的物质微粒与运动机制联系起来产生了新的解释模式；最后在以实际应用为导向的自然研究中，出现了一种从自然条件下观察到的"观察的—实验的"系统研究的转变，从而引发了科学革命。

科恩认为，中国人认识自然的方式从未经历过这样的不同文明之间的文化移植，所以科学革命没能在中国发生。简言之，中国认识自然的历史有其不间断的连续性，同样令人惊叹的是它长期不结果实。这种思想一直在原地打转，并且困在这个圈子里面，可能这个圈子太大了。

对于"李约瑟难题"的回应，无论是爱因斯坦还是科恩，都指向了演绎的数学方式在认识自然中的根本性作用。这个传统是"毕达哥拉斯-柏拉图主义"的数学哲学和数学文化传统。如果问"为什么中国没有产生科学革命？"通过对西方科学数学化起源的分析，理由十分简单：第一，中国没有按严格的逻辑推理发展出一套科学纲领；第二，中国没有发展出以数学作为各门科学的共同语言。没有数学这个文化基因，中国在近代没有发生科学革命一点都不奇怪。回望历史上中国的数学传统，不难发现它是自成一派的。

"巍巍昆仑，气势磅礴；世界本原，在于数学。"这是南宋著名数学家秦九韶在《数书九章》中写的序诗。秦九韶坚信，世间万物都与数学相关。这种见识与古希腊的毕达哥拉斯学派的观点不谋而合，只不过数学没有成为中国的主流文化。

中国拥有悠久的数学历史，却缺少定量的数学文化。因此，数学家在历史上的地位不高。受到儒家哲学的影响，中国人并不重视定量。秦九韶也感叹，数学家的地位和作用而今不被人们所认识，这里他主要指的是纯粹数学和暂时无法用到的数学方法与技巧。他认为，数学这门学科遭到了鄙视，数学家只被当作工具使用，这就犹如制造乐器的人，仅仅拨弄乐器的声音，"原本我想要把数学提升到哲理（道）的高度，只是实在太难做到了"。

清华大学数学科学中心主任丘成桐先生在《人民日报》（2017年3月28日07版）上刊发的《基础科学研究需要哲学滋养》一文中，这样写道："就中国来说，魏晋南北朝时期，中国的基础科学研究达到很高水平，也产生了相当出色的基础科学家。刘徽作《九章算术注》、祖冲之父子计算圆周率和球体积、《孙子算经》的剩余定理等，都是杰出的数学成就。但受传统哲学思想的影响，中国人对'定量'的重视程度不够，影响了这些方面的进一步探究。"

中国人认为数是有生命的，深信数是变化往复循环的。万事万物背后都有"定数"，这些万象和定数就成为道理。中国人"心中有数"的数学观是为人生和命运服务的，且深受《周易》的影响。易是两仪，两仪生四象，四象生八卦。

中国数学史一般认为，17世纪之前，主要表现为以筹算为中心的中国传统数学体系与算法的确立；17世纪之后，主要表现为以笔算为中心的西方数学的传入与研究。

从上古至西汉末期，为中国传统数学的萌芽时期。从西汉末至北宋初，中国传统数学体系逐步形成并得到发展。经过长期的积累，至公元前50年左右确立了中国传统数学的经典《九章算术》。该书的确立，标志着以算筹为中心的中国传统数学体系已形成。其后六七百年间，在算法、算理及应用诸方面均有不断发展。从北宋初至元初，中国传统数学呈现出繁荣发展的局面。诸多新的算法相继出现，其中不少成果在世界数学史上遥遥领先，从而使得中国传统数学达到当时世界数学的高峰。明确的计算程序性与较高的理论抽象性为此期数学的特征。从元初至明末，中国传统数学呈现低落状态。所谓低落状态是指以筹算为中心的算法未能达到前一时期的水平，而数学发展的重点转向日用算法的普及。这一趋势导致珠算的产生与发展，"筹珠交替"为此期数学的特征。从明末至清末，西方数学的传入与研究为此期中国数学的主流。

丘成桐教授在他的《数学史与数学教育》一文中写道："纵观中国数学发展，基本上尊崇儒家'学以致用'的想法，对应用科学背后的基本规律研究兴趣并不大，反而从庄子、墨子和名家的著作中，可以看到比较抽象和无穷逼近法的观念。""在某种意义上，中国古代数学的主要活动始终停留在经验科学的层次上，中国数学家对证明定理的兴趣不大。我们的文化建立在人治的观点上，以家庭、宗族为出发点，大概没有考虑过一切复杂的数学现象，可以用几条简单显而易见的公理来推导，这与希腊数学家的态度有显著的不同。"

所以回望中国古代数学的起点，东方数学和西方数学从那时起就走上了截然不同的两条道路。东方数学倾向于计算和应用，是为了解决实际的数学问题而产生的。我们似乎对那种与具体数字无关的、单从某种假设出发得以证明的定理和命题所形成的抽象几何学不太感兴趣，这一点从古代数学著作的名字就能窥得一二——《九章算术》《海岛算经》《孙子算经》《张丘建算经》《缉古算经》……而古希腊数学则侧重于研究数学的抽象化和演绎精神，通过把经验的算术和几何法则提升到具有逻辑结构的论证数学体系中，更看重数学的论证，更注重抽象化的提炼。所以对"李约瑟难题"的一个重要回答就是：中国没有"毕达哥拉斯 - 柏拉图"主义的数学文化传统。

中国数学西化的三百年历程

前文我们说过，中国古代数学及其思想自成一体。由于数学是制定历法的重要工具，因而中国古代数学多侧重于实际算法。从公元前 3 世纪至公元 14 世纪，中国古代数学先后出现过四次发展高峰，即两汉时期、魏晋南北朝时期、隋唐时期和宋元时期。

公元前 206 年，汉高祖刘邦推翻了秦朝的统治，于公元前 202 年建立了强大的西汉王朝。从西汉时期起，中国古代的科学体系、教育体系开始逐步形成，而古代数学体系的构建也在汉朝基本完成。

公元前 1 世纪，西汉无名氏作《周髀算经》一书。这部著作的主要数学成就是勾股定理、测量术和分数运算，其他成就包括天文知识和历法。三国时期，东吴人赵爽注释了《周髀算经》，并首次完成了对勾股定理的理论证明。

《九章算术》是我国古代最著名的数学典籍，且从它出现至西方数学传入一直是中国人学习数学的首选教材，对中国古代数学的发展起到了巨大的推动作用。东汉末年，刘徽为《九章算术》作了注释，给出了解题步骤和推导过程以及一些算法的证明，并纠正了原书中的一些错误。

至此，《九章算术》才成为一部较完美的中国古代数学教科书，得以享誉中外。《九章算术》的成书标志着世界数学研究中心从古希腊等地中海沿岸地区转到了中国，开创了以算法为中心的中国古代数学占据世界数学舞台主导地位的局面，这种局面持续了 2000 年。

魏晋南北朝时期，中国古代数学的理论论证体系取得了较大的发展，最杰出的代表是数学家刘徽和祖冲之。

刘徽是魏晋时期著名的数学家，著有《九章算术注》一书，这奠定了他在中国数学史上的不朽地位。祖冲之是南北朝时期著名的数学家、天文学家。祖冲之一生致力于数学、天文历法和机械制造 3 个研究领域，他的两大数学成就是"球的体积"的推导和"圆周率"的计算，可谓彪炳数学史。

在中国数学发展史上，隋唐期间并没有产生能够与魏晋南北朝时期和其后的宋元时期相媲美的数学大师，但是在这段时期建立的数学教育制度和开展的数学典籍的整理工作却为宋元数学高峰的到来奠定了基础。

公元 656 年，唐高宗下旨命李淳风等人对以前的 10 部数学著作进行整理和注疏，史称《算经十书》。《算经十书》作为标准的数学教科书，对唐朝的数学发展产生了巨大的影响，也为宋元时期数学的快速发展创造了条件。英国的科学史家李约瑟评价李淳风说："他大概是整个中国历史上最伟大的数学著作注释家。"

隋唐数学在历法编算应用中，也取得了一些成就。公元 600 年，刘焯编订了《皇极历》，在历法中首次对太阳视差运动的日行不均匀性进行了计算，创立了用三次差内插法来计算日月视差运动速度的交食计算，推算出五星运行位置和日食、月食的起运时刻，提出了等间距二次插值公式。这是中国历法史上的重大突破，这种"插值方法"在当时也是一项重大的数学成就，且与牛顿的二次插值公式完全一致。

唐朝杰出的天文学家一行主导了世界上第一次实测子午线长度的活动。英国著名的科学史家李约瑟一再称："这是世界科学史上划时代的创举。"李约瑟在《中国科技史》一书中称赞一行是中国历史上最伟大的天文学家。

宋元时期，中国传统数学的发展达到顶峰，数学领域人才辈出。其中最著名的就是"宋元四大家"，即杨辉、秦九韶、李冶、朱世杰。

南宋数学家杨辉在其著作《详解九章算法》（1261）中提出了著名的"杨辉三角形"，比"帕斯卡三角形"早了400多年。

1247年，南宋数学家秦九韶总结了自己长期研究积累的数学知识和创造性的成果，写出了我国古代的传世名著《数书九章》。秦九韶最重要的数学成就是"中国剩余定理"，它代表了当时中国乃至中世纪世界数学的最高成就。美国著名的科学史家萨顿曾对其做出极高的评价："秦九韶是他那个民族、他那个时代，并且确实是所有时代最伟大的数学家之一。"

金元时期的数学家李冶是代数符号化的先驱。其最有价值的工作是最先系统地对"天元术"（用专门的记号来表示未知数）进行了全面的总结和阐述，他创作的中国数学史上的不朽名著《测圆海镜》于1248年完稿。

元代数学家朱世杰在李冶"天元术"的基础上发展出"四元术"（列出四元高次多项式方程以及消元求解的方法）。此外，他还创造出"垛积法"（高阶等差数列的求和方法）与"招差术"（高次内插法）。朱世杰的数学代表作《算学启蒙》是一部通俗的数学名著。该书曾流传海外，促进了朝鲜、日本的数学发展。

到了明清时期，中国古代数学的发展开始经历从传统数学的衰落到西方数学传入的历史时期。此时的中国古代传统数学经历了从西汉时期到宋元时期许多个世纪的高潮之后，至 14 世纪中叶便停滞不前。在明朝建立后的 200 年间，数学非但没有获得充分发展，连古代的数学成就也难以为继或几近失传。明末清初，西方数学传入中国。

在北京中华世纪坛的壁画上，雕刻有几千年来对中华文明做出过贡献的杰出人物。在 100 多位有名有姓的人物中有两位外国人：一位是意大利旅行家马可·波罗；另一位是意大利传教士利玛窦。利玛窦率先将欧洲的数学、天文学、地理学、医学、机械学以及哲学、方法论等西方的科学与文化带到中国，因而被称为中西文化交流使者。

16 世纪末，被誉为"沟通中西文化第一人"的意大利传教士利玛窦来到中国。为了顺利地在中国传播天主教，利玛窦采用了"学术传教"的策略，并以"数学文化传播"为突破口把现代数学引进中国，其标志是欧几里得的《几何原本》等西方数学著作在中国的翻译出版和传播。著名的《几何原本》第 1 卷就是在广东韶州得到翻译和传播的。从此以后，中国传统数学开启了 300 年的西化历程。利玛窦开创的欧洲数学文化在中国的传播与交流，对中国近现代数学和数学教育的发展都产生了巨大而深远的影响。

利玛窦非常欣赏古老的中国文明，认为除了还没有沐浴"天主信仰"之外，中国堪称举世无双的伟大的国度。他甚至认为，中国可以与柏拉图理想的共和国相媲美。他还发现中国人非常博学，对"医学、自然科学、数学、天文学都十分精通"。但是他也察觉到，"中国人对于探讨自然规律的科学并不感兴趣"。

然而，利玛窦进入中国后，惊喜地发现中国上层人士对欧洲的科学和技术有着浓厚的兴趣，尤其是对数学情有独钟。于是，他很快就以自己的数学天赋和数学知识震撼了中国人。他采取了"以数教民"和"以数会友"的传教策略，结交了很多中国知识分子，也得到了政府官员的理解和帮助。

1607 年，中国近代科学史上最重要的人物徐光启与利玛窦合作翻译了《几何原本》的前 6 卷。《几何原本》是利玛窦和徐光启合作翻译出版的最著名的一本西方数学著作。《几何原本》的翻译刊取得了巨大成就，成为明末以来最早被翻译成汉语的西方较为完整的数学著作，这代表着西方数学文化在中国传播的开始。

利玛窦与徐光启在翻译《几何原本》时，非常重视数学概念的中文译名，他们对每个数学名词都字斟句酌地与中文名进行对应和比较。他们翻译的数学术语有几何、角、线、平面、直角、锐角、钝角、直线、垂线、平行线、对角线、三角形、四边形、圆、圆心、相似、外切、曲线、曲面、立方体、体积、比例等，且都堪称经典。此外，在其他科学著作的翻译中，利玛窦还首创了许多词汇，如北半球、北极、赤道、地平线、地球、南半球、南极、十字架、纬度、阳历、阴历、造物主、子午线等。利玛窦所创造的这些词汇，其意义不仅仅在于丰富了科学术语，对汉语词汇学的影响也十分深远。

"几何"一词是由利玛窦和徐光启在翻译时创造的，现已成为数学中的一个专有名词。徐光启从一句古诗"河汉清且浅，相去复几许"中的"几许"联想到了"几何"，于是创造性地译为《几何原本》。徐光启在翻译《几何原本》时，看到了西方科学对基础研究和科学推理的重视，认为数学是其他一切学科的基础。后来，徐光启又写了《几何原本杂议》，并且根据利玛窦的口述翻译整理了《测量法义》，还撰写了《测量异同》和《勾股义》。他用这些著作的基本定理来解释和补充中国传统测量法中的"义"，使中国古代数学更具应用性、条理性和系统性。从《几何原本》到《勾股义》，徐光启把中国的传统数学向前推进了一大步，开创了翻译和介绍西方数学及其他科学的新风气，震撼了当时中国的学术界。

在当时的社会背景下，就传统社会中齐家治国平天下的观念来说，几何的用处似乎不是太大。而徐光启对此的回答是："无用之用，众用所基。"这是《几何原本》的精髓，也是科学精神的精髓所在。

《几何原本》的刊印出版改变了中国数学以实用计算为特征的《九章算术》的经典地位，这是对中国传统数学的革命，因而成为中国近代数学以及数学教育的起点。梁启超曾评价道："徐利合译之《几何原本》，字字精金美玉，为千古不朽之作。"

继徐光启之后，清初数学界的代表人物是梅文鼎。他精通中西数学，对发展中国传统数学和传播西方数学均做出了重大贡献。梅文鼎以毕生精力专攻天文学和数学，他尽量消化、彻底理解从西方输入的新方法，对清代中期数学研究再现高潮产生了积极的影响。在数学方面，梅文鼎的第一部数学著作《方程论》撰成于康熙十一年（1672），以"方程"这一"非西方数学所独有"的中国传统数学精华来显示中华数学的骄傲。在对待西方数学的问题上，他主张"去中西之见，以平心观理"，不但发掘整理中国古代算术，还潜心研读《几何原本》等西方数学书籍，力求将中西方的数学方法加以融会贯通。梅文鼎创作的《中西算学通初集》是他所著 26 种数学图书的总称，几乎总括了当时世界数学的全部知识，达到了当时我国数学研究的最高水平。

1840 年鸦片战争之后，清政府被迫打开了中国的大门，西方数学再一次进入中国。当时，对西方数学传播影响最大的是英国人伟烈亚力。1852 年，伟烈亚力与李善兰合作翻译了欧几里得《几何原本》的后 9 卷。1865 年在曾国藩的资助下，《几何原本》的全卷本得以出版发行。至此，15 卷《几何原本》最终得以全部出版发行。《几何原本》是我国近代数学教育中使用最广泛、最基础的教材之一，对中国近代数学的发展起到了重要作用。1859 年，伟烈亚力与李善兰共译《代数学》，此为西方符号代数第一次被系统地介绍到中国。之后，伟烈亚力与李善兰继续合作翻译了《代数学》和《代微积拾级》；华蘅芳与英国人傅兰雅合译的《代数术》《微积溯源》《三角数理》《决疑数学》等书籍引起了当时中国数学家的极大兴趣。

19 世纪 40 至 60 年代，两次鸦片战争使得部分中国人开始清醒地看待中西方之间的差距。西方数学作为西方军事技术及民用技术的基础得到了普遍重视，中国的有识之士如曾国藩、左宗棠、李鸿章等开始倡导

学习西方的先进技术以图自强御侮，并发起了历时 30 年的自强运动，这
也是后来洋务运动的先声。曾国藩和李鸿章在上海设立江南制造总局的
主要目的是仿造西方轮船和军事武器，同时也翻译出版了大量的西方数
学著作和科学技术著作。这是因为在自强运动中，国人开始深刻地理解
了数学与机械制造等民用、军事技术有关，并认识到数学是西方一切学
术的基础，学习数学知识之后，就可以进而理解格致之理并掌握"制器
尚象之法"。19 世纪中国最重要的数学家之一李善兰曾说："今欧罗巴各
国日益强盛，为中国边患，推其原故，制器精也。推原制器之精，算术
明也。"

19 世纪 60 年代以后，西方代数学、微积分学、解析几何、概率论
等都较为系统地被传入中国。面对这些明显优越的数学方法，中国数学
家大都表现出较为客观的态度：承认西方方法的优势，同时在数学和研
究中传播和应用这些方法。19 世纪末至 20 世纪初，西方数学的内容、
方法和思维范式已完全得到中国数学家的认同，传统数学方法亦基本被
取代。从此，中国数学走上了世界化的道路。

西方数学在明代政权将被取代之际被引入中国，而中国数学西化的
历程在清代政权接近灭亡及中国传统文化遭遇毁灭性重创之时完成，历
时 300 年。利玛窦开创的"学术传教"开启了西方数学中国化的历程，
并以"数学文化传播"作为主要手段，为西方科学文化在中国的广泛传
播和向西方介绍中国文化做出了不可磨灭的贡献。

让西方人"觉醒"的中国文化

　　为了在中国传播天主教，利玛窦采取了入乡随俗的"学术传教"策略。为了尽快融入中国社会生活，他曾做过和尚，又打扮成儒生，如饥似渴地学习中国儒家的"四书"经典。另外，他还广泛地接触中国知识分子。据记载，利玛窦曾在广东肇庆期间与戏剧大师汤显祖有过倾心交往。1591 年，汤显祖因上书《论辅臣科臣疏》而被贬到广东雷州半岛的徐闻县做典史。万历二十年（1592）7 月，利玛窦与汤显祖在广东肇庆相见，一位是学贯中西的天主教士，一位是才华横溢的戏剧宗师，二人成就了中西文化交流史上的一段佳话。

　　利玛窦最初传播西方数学时，是看不上中国数学的。当时中国传统的数学主要是算术，计算工具是算盘，他认为中国人的算术不过是以串在绳子上的珠子构成的一个工具而已，比起欧洲的数学简直微不足道。但随着时间的推移，利玛窦逐渐感受到了中国古代哲学中博大精深的品质，于是开始向西方传播中国古代典籍著作中的儒家学说。同时也为了便于来华的传教士学习中文，利玛窦用拉丁文翻译了《论语》《孟子》《中庸》《大学》。1594 年，利玛窦把"四书"的拉丁文译本全部寄回意大利进行出版。利玛窦成为最先完整编辑中国儒家经典书籍，并附以详细注释的西方人。届时，这些拉丁文的中国经典在西方产生了巨大影响。因此，真正意义上的"中西方数学文化交流"，始于利玛窦在中国传播的西方数学和系统地向西方传播中国的儒家经典。

16、17 世纪，中国的儒家思想相继被传到欧洲后，滋养了欧洲启蒙思想家们的思想，并使莱布尼茨、伏尔泰、孟德斯鸠等启蒙思想家和百科全书派的大师们深受其益，一致认为中国是理想的乐园。在欧洲几乎所有中等以上的城市中，都可以见到利玛窦等耶稣会士不时刷新的《东方书简》。正如赫德逊所说，18 世纪欧洲在思想上受到的压力和传统信念的崩溃，使得天主教传教士带回的某些中国思想在欧洲的影响超过了天主教在中国的影响。有"欧洲孔子"之称的法国重农主义学派的创始人魁奈认为，中国的《论语》"讨论善政、道德及美事，此集满载原理及德行之言，胜过希腊七圣之语"。而法国思想家伏尔泰对中国更是推崇备至，他称赞中国是世界上最优美、最古老、最广大、人口最多却治理得最好的国家。伏尔泰作为法国启蒙运动的领袖，相信中国的历史开端早于欧洲，而且因为中国人的历史记载都是以天文观测为基础的，也就更为可信；中国的科技起步也要早于欧洲，之所以后来又被西方超越，是因为中国人对祖先传下来的东西有一种不可思议的崇敬之心，认为一切古老的东西都尽善尽美。在伏尔泰的眼中，孔子比耶稣还伟大。他甚至幻想建立一种"理性的宗教"，其楷模就是中国的儒教。在名著《风俗化》中，伏尔泰甚至深情地写道："当你以哲学家身份去了解这个世界时，你首先把目光朝向东方，东方是一切艺术的摇篮，东方给了西方一切。"

莱布尼茨似乎是第一位真正对中国感兴趣的近代思想家。1697 年，莱布尼茨搜集在华传教士的报告、书信、旅行记略等，编辑出版了《中国近事》一书。他在书中写道："我们从前谁也不相信世界上还有比我们的伦理更美满、立身处世之道更进步的民族存在，现在从东方的中国，竟使我们觉醒了！东西双方比较起来，我觉得在工艺技术上，彼此难分高低；关于思想理论方面，我们虽略高一筹，但在实践哲学方面，实在不得不承认我们相形见绌。"

莱布尼茨曾经热情地学习《易经》。在一封给友人的信中，莱布尼茨写道："二进制并不是什么'发明'，而是一种'重新发现'。"而李约瑟对此评价道："中国至少在一定程度上影响了莱布尼茨的代数和数学逻辑，《易经》中的指令体系预示了二进制算术。"

利玛窦对中国文化的西传掀起一场持久的热潮，引起了西方知识精英对中国的哲学、重农主义的经济学以及文学、文字、典籍的浓厚兴趣。

1687 年，比利时的柏应理著《中国贤哲孔子》。

1697 年，德国的莱布尼茨著《中国近事》。

1711 年，比利时的传教士卫方济翻译《四书》《孝经》《幼学》，并刊印了《中国哲学》一书。

1719 年，在广州经商的英国商人魏金森翻译了《好逑传》。

1728 年，法国人马若瑟在广州翻译了《中文札记》。

1732 年，法国人马若瑟在广州将中国经典故事《赵氏孤儿》翻译成法文。

1755 年，法国大文豪伏尔泰将《赵氏孤儿》改编成剧本并在巴黎公演，引起巨大轰动。

法国魁奈说："中国的法律是以自然律为依据的，无论从物质和道德方面来看，都是十分有益于人类的。"

1776 年，英国亚当·斯密著《国富论》，吸收了中国重农主义思想。

1834 年，法国雷孝思翻译的《易经》出版。

1919 年，德国诗人科拉·邦德在一篇题为《听着，德国人》的文章中号召德国人遵循中国的道家精神生活，要做"欧洲的中国人"。 第一次世界大战后，中国的道家思想席卷德国。特别是那些有和平主义倾向的思想家，将追求和谐、宣扬无为的道家真谛奉为典范。

李约瑟在他的巨著《中国的科学与文明》开篇，引用了英国皇家学会罗伯特·胡克《关于中国文字和语言的研究和推测》一文中的一段话："应当感谢那些数学知识如此优异的人（指在华耶稣会士），感谢他们为我们发现了这个世界上前所未知的部分。由此，我们不仅希望能把这方面的知识充实起来，使之臻于完善，而且希望能继续发现其余的一切。"他还谈到自己研究中国文献的心得："我希望能启示和激励那些更有才华并具备其他有利条件的人去完成这一伟大的功业。目前我们还只是刚刚走进这个文明世界的门口，然而一旦我们踏进这个大门，将在我们面前展现出一个知识王国，并将使我们能够去和这个王国中古往今来最优秀和伟大的人物进行交谈。同时，这将使我们发现一个新的'印度宝藏'，通过新的'贸易'把这些珍宝带到我们这里来。"这段文字写于 1686 年。

20 世纪 70 年代，一群美国加州伯克利大学的物理学家聚在一起讨论物理学的基础问题，希望能找到一些可以依靠的哲学方法和值得信赖的思想路径，来解释量子力学中的一些基本问题，被称为"基础物理学小组"。一些小组成员后来放弃了科研课题，终生研究有关意识、测量等概念的本质问题。小组成员之一弗里乔夫·卡普拉撰写了一本科普书《物理学之"道"：近代物理学与东方神秘主义》。他说，要想解决现代物理学中的一些难题，人们很有可能需要从东方文化中寻找答案。

《物理学之"道"：近代物理学与东方神秘主义》的作者弗里乔夫·卡普拉认为，东方文化的一个重要特点就是哲学和宗教不分家，而且其思维范式和体系都非常相似，又和西方的哲学体系有根本上的不同。卡普拉认为，东方哲学和西方哲学体系根本上的不同在于，东方哲学依赖于超越了语言和逻辑的直觉去理解事物的本质，这是神秘主义的特点，也恰恰是近代物理学的特点。量子力学中描述的波粒二象性 —— 物质可以是波，也可以是粒子，这取决于人们的观测方式 —— 这种内在的矛盾超出了逻辑的范畴，而东方哲学正是习惯利用一种自相矛盾的论述来表达一种超越语言的感受。他认为，正是因为东方哲学家所理解的真实超越了语言和逻辑，才需要刻意制造语言和逻辑上的矛盾。当一个人试图用理智去分析事物本质的时候，事物的本质就会显得非常荒谬 —— 我们也可以说，人的理智是有极限的，真实的含义可能超越了理智。

中国文化习惯把人自身的存在与外界看作一个整体来统一对待。在科学高度发达的 21 世纪，这种包含观察者自身的整体性思维可能对科学发展产生西方文化无法起到引导作用。

1979 年，"耗散结构"理论的创建者，曾获得诺贝尔化学奖的普里戈金说："我们正向新的自然主义前进。这个新的自然主义将把西方定量和实验的传统，与中国强调自发的自组织世界传统结合起来。"1986 年，他又在《探索复杂性》一书中说："中国文化具有一种远非消极的整体和谐。这种整体和谐是各种对抗过程间的复杂动态平衡造成的。"

协同学的建立者，德国物理学家哈肯说："我认为协同学和中国古代思想在整体性观念上有很深的联系。""虽然亚里士多德也说过整体大于部分，但在西方，一到对具体问题进行分析研究时，就忘了这一点，而中医却成功地应用了整体性思维来研究人体和防治疾病，从这个意义上说，中医比西医优越得多。"

英国历史学家汤因比于 1975 年临终前对池田大作说："我所预见的和平统一，一定是以地理和文化主轴为中心，不断扩大起来的。我预感到这个主轴不是在美国、欧洲和苏联，而是在东亚。""中国人和东亚各民族合作，在被人们认为是不可缺少和不可避免的人类统一过程中，可能要发挥主要作用。"

江山代有才人出：只争朝夕！

2020 年 2 月 6 日，时任美国司法部长威廉·巴尔应华盛顿智库"战略与国际研究中心"邀请，参加了"中国行动计划会议"，并做了主题演讲。"自 19 世纪以来，美国在创新和技术方面一直处于世界领先地位。正是美国的科技实力使我们繁荣和安全。本质上，通信网络不再仅仅用于通信。它们正在演变成下一代互联网、工业互联网，以及依赖于这一基础设施的下一代工业系统的中枢神经系统。中国已经在 5G 领域占据了领先地位，占据了全球基础设施市场的 40%。这是历史上第一次，美国没有引领下一个技术时代。"

1988 年夏在天津南开数学研究所召开的"21 世纪中国数学展望学术讨论会"上，程民德教授作了长篇主题报告，他说："环顾世界，所有的经济大国和科技大国，必然也是数学强国。""宏伟的现代化建设在呼唤高水平的现代数学。"会上，陈省身教授预言："中国在 21 世纪将成为一个数学大国。"

在 2021 年 1 月 25 日的一次关于教育的决策会议上，中国政府清醒地认识到"真正能够推动社会大跨度发展的，管理方法的创新也好、经济理论的提出和发展也罢，实则都无法和科学技术的理论突破、现实应用相提并论"。会上还提到数学和物理等基础学科的理论发展，是处在前所未有高度的我们可持续发展的必经之路，同时更是人类发展的最佳路径，尊重科学技术的力量，投入更多的人才和精力，来提升所处文明的整体高度。所以"无论是中学还是大学，都要更加重视数学、物理等基础学科，打牢学生基础理论根基，培养更多的创新人才"。

在2021年7月24日的东京奥运会上，中国的"00后"小将杨倩在女子10米气步枪的比赛中，射落东京奥运会首金，同时也是中国代表团此届奥运会的首枚金牌，令国人振奋，中国的年轻一代走上了世界舞台。常言道："江山代有才人出，各领风骚数百年。"一万年太久，只争朝夕。无论是在未来的100年还是200年内，如果科学革命发生在中国，一定会发生"范式"转移，是西方科学的范式向东方科学的范式转移，那时如果人们问为什么中国会领先世界，答案可能是：第一个原因是中国自古以来"天人合一"的整体思维范式；第二个原因是21世纪中华民族的伟大复兴和崛起。

奥地利作家茨威格在他的《人类的群星闪耀时》一书中写道："在一个民族内，为了产生一位天才，总是需要有几百万人。一个真正具有世界历史意义的时刻 —— 一个人类群星闪耀的时刻出现以前，必然会有漫长的岁月无谓地流逝。这一时刻对世世代代作出不可改变的决定，它决定着一个人的生死、一个民族的存亡甚至整个人类的命运。"

云南省丽江市华坪女子高中的一篇誓词这样写道："我生来就是高山而非溪流，我欲于群峰之巅俯视平庸的沟壑。我生来就是人杰而非草芥，我站在伟人之肩藐视卑微的懦夫！"这是用生命书写的誓言！愿我们中国人都有这样气壮山河的自信去平视世界。

对中国数学教育的反思

为什么 20 世纪最伟大的数学家是哥德尔而非大名鼎鼎的希尔伯特呢？希尔伯特是数学形式主义的代表人物，是数学教父，想用形式主义构造"封闭完备的数学"来统治一切。20 世纪 30 年代很多人受他影响，使得其他数学分支变为非主流了，如概率统计、组合数学等。同时也导致我们认为数学就等于形式证明，数学思维变得局限和僵化。当时，我们自己有大量优秀的青年人被浪费在数学形式证明的汪洋大海之中。

1900 年以前，数学物理不分家，牛顿既是伟大的物理学家，又是伟大的微积分发明家，他的书《自然哲学的数学原理》就说明了一切。像伽利略、开普勒、笛卡儿（解析几何）、麦克斯韦（电磁方程）、爱因斯坦（张量方程），科学研究的主题与主流物理、数学、几何、代数交叉变换互相促进。

1900 年以后，希尔伯特提出利用数学证明的有限性来证明不会产生矛盾。如果这样的基础能够建立起来，数学证明就完全可以用逻辑符号来表达了。与此同时，所有的证明，包括费马大定理、黎曼假设和庞加莱猜想，都将是它们所表达的数学系统的必然结果。

1931 年，奥地利逻辑学家哥德尔提出"不完备性定理"，打破了希尔伯特公理化数学基础的幻想，证明形式主义推导挽救不了数学的完备性。而英国数学家图灵证明了判定问题的不可判定性，图灵机只能计算有理数，而无理数只能逼近有理数，这触犯了希尔伯特的完备性、统一性、唯一性。当时，形式主义数学家们甚至认为软件算法根本不是数学。

纯数学就是寻找数学内部规律，如自然数的研究无理数、奇数、偶数、素数及分布、有限与无限、孪生素数有多少等，引申出各种猜想，如哥德巴赫猜想、黎曼猜想等。2014 年，毕业于中国北大数学系的数学天才张益唐在美国破解了数学界最著名的猜想之一"孪生素数猜想"，让世界数学界震撼……

什么是算法？西方有人说"上帝创造了自然数，其他都是人造的"，自然数与加减乘除基本运算是数学的源泉，是人类文明中最伟大的、空前绝后的发明和创造。自然数与加减乘除的出现既创造了新世纪，又让许多聪明的大脑耗费了一生的时间。自然数与加减乘除的出现使人类根深蒂固地、先入为主地认为不变量是永恒不变的，这种思维一直影响到现代，而数学的历史发展恰恰就是有人不断挖空心思地要寻找变化。

加减乘除及九九乘法表所代表的"叠加、分切、叠加叠、逆叠加"的计算本源也叫算子，如此延伸则有如三角算子、微积分算子、拉氏算子、富氏算子等。19 世纪，阿贝尔、伽罗瓦等在解四次代数方程、五次代数方程时已经不能像解三次方程、二次方程一样得到完整出现根号的统一公式，也称解析公式。300 多年来，许多大数学家在攻克这个问题时纷纷败下阵来。结果两位年轻人突发奇想，发现代数方程的根有"对称性"

这一伟大的原始创新思想。

伽罗瓦不受前人加减乘除含义的束缚，把"对称性"类似"叠加"作为一种新算子，专门研究对称比例各种各样的旋转，开创了现代代数方程理论。实际上，历史上很多原始创新都是如此，如牛顿把原有不允许的0/0改造成"流数极限过程"，用 dy/dx 作为不同于除号的微分算子，这实际上是把"变化"引入运算之后，对传统的加减乘除的"升级"。之后许多数学上的创新思维都与此有异曲同工之妙，如拉普拉斯算子、卡尔曼滤波算子等。算法就是利用算子构建统一解方程的方法。

最近澳大利亚华人陶哲轩及越南的吴宝珠获得菲尔兹奖，中国要反思数学内容方法意义及思维方向在逻辑上到底对不对。有的数学家认为我们与西方的数学思维有差距，40多年前英年早逝的陆家羲研究的组合数学被国内冷落，而被国外奉为珍宝，后来获得自然科学奖一等奖。

国内蔓延着一种怪现象：数学是天才的玩物，越不懂越高深，国内少有人普及数学并为之出书，专家学者们的文章也从不说明各类公式背后的物理及数学意义。

科学的发展与科学家们的创造，并不是我们以为的那样按部就班，而是充满了不确定性、偶然性和神秘性。毫不例外，目前最前沿的人工智能也曾经历过三起三落。60年前在美国达特茅斯大学首次开会讨论如何使计算机科学与技术计算转移到其他领域的应用。于是美国有科学家开始研究飞机起飞，即人工模拟装两个大翅膀像鸟一样飞翔，但以失败告终。所以中国就有人反对用"计算机模拟人脑神经计算"，结果开创这一领域的十位美国科学家中有五位获得图灵奖。直到最近30年加拿大的辛顿教授及学生白根等仍坚持"用计算机模拟人脑"这一人工智能领域，有三人获得图灵奖。许多人反对他们，其中辛顿的爷爷是布尔代数创始人布尔，当初布尔就是设想人脑神经语言用"与、并、合"逻辑语言符号把语言转化成数学，而布尔的孙子则反过来把"人脑神经中数据结构及数模变成人工智能"，难道这只是历史的巧合吗？

中国的农耕文明与西方的海洋文明同样都是伟大的文明，这两种文明必然会产生两种逻辑思维、两种科学体系、两种评价标准、两种发展理念、两种模式路径……我们需要的是文化自信！

中国古代的"天人合一"智慧就包含着朴素的人工智能思想。人的大脑与自然事物的"点对点"认识，就是人工智能的开始。通过人工观察进入大脑，人类大脑记忆区脑神经网络是天然的原始数学模型。

我们希望有志于从事科学研究与发现的人们能全面了解20世纪数学家和物理学家的智慧结晶，可是这些观念由于某种原因没能极早地在我们的教育体系中被有目的、有计划地传播，往往只有在工程学科当中用数学较多的专业理工大学生才可以接触到，而在其他理工科专业被认为是专业教科书以外的内容，并使之成为一种高不可攀的高度抽象的空间理论。事实上，可以把这些近代的数学概念与几何和物理的基本思想和直觉相结合，不断地向学生宣讲并与其进行讨论，让他们在大学时代就能够深入理解，这是提高学生素质的重要手段。而我们过去往往设置了很多障碍和禁区，认为这些知识必须是纯数学专业的人，学过抽象数学空间或者学过测度论、拓扑学、黎曼积分、勒贝革积分这些纯理论的，经过严格的数学训练的人才能学习，从而使得这些非常有意义的近代的科学思维和工具以及方法没能在工科大学当中得到全面细致的推广和普及。这是提高大学生、硕士生、博士生的数学修养，提高科学的思维具有原始创造力的素质的一个巨大缺陷和障碍。

在东北大学"计算机软件与理论"博士点中，笔者所培养的 10 多位博士大多数都是工学院毕业的学生。我们尝试着把这些近代数学的概念深入浅出地灌输给他们，以提高他们的思维力和想象力，提高他们对科学的兴趣，提高他们的原始创造力。笔者的博士研究生主要来自如下专业领域：一般是学数学的，但也不是学纯数学的，有的是学计算机的，还有的是学一般工程类专业的，他们对近代数学的概念在脑海中基本上是空白的，即使学习过的也都是从定义到定义、从定理到定理，即偏重于推导。他们很难将这些反映客观世界的重大的近代数学的时空观念上升到物理空间，在一个研究范围里面自己创造某种时空观。因此，虽然有的是学数学专业的，并且是很好的学校毕业的，且数学的推导基本功很熟练，但由于没有掌握这些基本思想，在发现一些原创力的道路上寸步难行。

他们往往被过去的数学推导思想所束缚，变得思维僵化。对于任何研究，都是以推导为出发点，以形式逻辑证明正确为最终目标，并心安理得和沾沾自喜。当面对很多事物需要根据直觉做出判断，或者是用嗅觉把新观念纳入一个新空间时，他们往往胆子很小，过度崇尚权威，几乎不敢越传统教材雷池一步。

在我指导博士生和研究生的过程中，会向学生们灌输近代科学思想，他们刚开始很不理解。因为近代科学思想主要是以数理天文学为主，其中重要的思想框架是围绕时间和空间进行的。虽然数学推导不是很多，但只要把时空的本质理解了，那么学生对于新的实际问题就敢于研究、敢于下手了。当学生们知道了时空的物理意义，时空的本质，时空的思想来源，他们的勇气、他们观察问题的敏锐性都得到了提高，使他们开始敢于把一个新的问题，大胆利用计算机进行模拟，在模拟过程中，产生了很多新的计算方法，发现了很多新的现象，我们把这些新的现象归类，进行适当地分析，然后进行猜想。在猜想的基础上，用数学归纳的办法来考虑，再纳入新的时空观念。借用近代数学当中的空间理论，进行适当改造，再进行理论的推导和证明。我们一开始做的工作比理论证明差一步，但又比纯的计算有所提高。如果真的发现了我们意想不到的规律和现象，我们就集中精力分析，进行数学推导，这样往往可能产生一些新的想法和思想。这就是我们反复强调要把人类对空间和时间的认识以及时空的观念作为我们的一条思想主线来进行研究和分析的原因。

《科学的数学化起源》传递的信息非常明确，我们现在经常讲的"科学"，它的定义是按照西方的标准制定的，而这一标准的核心是数学。西方的数学有深厚的文化基础。数学不仅仅是表面上的证明和推导，更是一种原始创新的核心动力。

朱伟勇

2021 年 10 月 1 日

参考资料

[1] 田淼. 中国数学的西化历程 [M]. 济南：山东教育出版社，2005.

[2] 邓东皋，孙小礼，张祖贵. 数学与文化 [M]. 北京：北京大学出版社，1990.

[3] 席泽宗. 科学史十论 [M]. 北京：北京大学出版社，2020.

[4] 张之沧. 科学哲学导论 [M]. 北京：人民出版社，2004.

[5] 戴维·伍顿. 科学的诞生：科学革命新史 [M]. 刘国伟，译. 北京：中信出版集团，2018.

[6] I. 伯纳德·科恩. 科学中的革命 [M]. 鲁旭东，赵培杰，译. 北京：商务印书馆，2017.

[7] 郑毓信. 科学哲学十讲：大师的智慧与启迪 [M]. 南京：译林出版社，2013.

[8] 卡尔·波普尔. 科学发现的逻辑 [M]. 查汝强，邱仁宗，万木春，译. 杭州：中国美术学院出版社，2008.

[9] M·克莱因. 西方文化中的数学 [M]. 张祖贵，译. 上海：复旦大学出版社，2004.

[10] 赫尔曼·外尔. 数学与自然科学之哲学 [M]. 齐民友，译. 上海：上海科技教育出版社，2007.

[11] 罗杰·G·牛顿. 何为科学真理：月亮在无人看它时是否在那儿 [M]. 武际可，译. 上海：上海科技教育出版社，2009.

[12] 爱德华·扬·戴克斯特豪斯. 世界图景的机械化 [M]. 张卜天，译. 北京：商务印书馆，2018.

[13] 爱德文·阿瑟·伯特. 近代物理科学的形而上学基础 [M]. 徐向东，译. 北京：北京大学出版社，2003.

[14] G·希尔贝克，N·伊耶. 西方哲学史 —— 从古希腊到二十世纪 [M]. 童世骏，郁振华，刘进，译. 上海：上海译文出版社，2004.

[15] 戴维·林德柏格. 西方科学的起源：第2版 [M]. 张卜天，译. 北京：商务印书馆，2019.

[16] 伯特兰·罗素. 西方哲学史 [M]. 耿丽，译. 重庆：重庆出版社，2016.

[17] 蔡天新. 数学传奇：那些难以企及的人物 [M]. 北京：商务印书馆，2018.

[18] 保罗·贝纳塞拉夫，希拉里·普特南. 数学哲学 [M]. 朱水林，译. 北京：商务印书馆，2003.

[19] 安东尼·M. 阿里奥托. 西方科学史：第2版 [M]. 鲁旭东，张敦敏，刘钢，赵培杰，译. 北京：商务印书馆，2011.

[20] 张景中. 数学与哲学 [M]. 北京：中国少年儿童出版社，2011.

[21] M·克莱因. 数学与知识的探求 [M]. 刘志勇，译. 上海：复旦大学出版社，2005.

[22] 托马斯·库恩. 哥白尼革命：西方思想发展中的行星天文学 [M]. 吴国盛，张东林，李立，译. 北京：北京大学出版社，2020.

[23] 爱德华·格兰特. 近代科学在中世纪的基础 [M]. 张卜天，译. 北京：商务印书馆，2020.

[24] 徐品方，张红. 数学符号史 [M]. 北京：科学出版社，2007.

[25] 迈克尔·艾伦·吉莱斯皮. 现代性的神学起源 [M]. 张卜天，译. 长沙：湖南科学技术出版社，2019.

[26] 雷·斯潘根贝格，黛安娜·莫泽. 科学的旅程 [M]. 郭奕玲，陈蓉霞，沈慧君，译. 北京：北京大学出版社，2008.

[27] 牛顿. 自然哲学之数学原理 [M]. 王克迪，译. 袁江洋，校. 北京：北京大学出版社，2005.

[28] H. 弗洛里斯·科恩. 世界的重新创造 [M]. 张卜天，译. 北京：商务印书馆，2020.

[29] M·克莱因. 数学：确定性的丧失 [M]. 李宏魁，译. 长沙：湖南科学技术出版社，2007.

[30] 朱伟勇，朱海松. 时空简史：从芝诺悖论到引力波 [M]. 北京：电子工业出版社，2020.

[31] 爱因斯坦. 狭义与广义相对论浅说 [M]. 杨润殷，译. 胡刚复，校. 北京：北京大学出版社，2005.

[32] 詹姆斯·米勒. 思想者心灵简史：从苏格拉底到尼采 [M]. 李婷婷，译. 北京：新华出版社，2015.

[33] 刘里鹏. 从割圆术走向无穷小 —— 揭秘微积分 [M]. 长沙：湖南科学技术出版社，2009.

[34] 江晓原. 科学史十五讲 [M]. 2 版. 北京：北京大学出版社，2016.

[35] 约翰·查尔顿·波金霍尔. 数学的意义 [M]. 王文浩，译. 长沙：

湖南科学技术出版社，2018.

[36] 陈久金．中国古代天文学家 [M]．北京：中国科学技术出版社，
2008.

[37] 汤一介．佛教与中国文化 [M]．北京：中国人民大学出版社，2016.

[38] 曾峥，孙宇锋．利玛窦：中西数学文化交流的使者 [M]．广州：暨
南大学出版社，2015.